科普经典译丛

KEPU JINGDIAN YICONG

活力地球

寻找地球的宝藏

化石与矿物

◎〔美〕乔恩·埃里克森　著

◎ 苏永斌　译

首都师范大学出版社

CAPITAL NORMAL UNIVERSITY PRESS

图书在版编目（CIP）数据

寻找地球的宝藏：化石与矿物/（美）乔恩·埃里克森著；苏永斌译.
—北京：首都师范大学出版社，2010.7
（科普经典译丛. 活力地球）
ISBN 978-7-5656-0042-5

Ⅰ. ①寻… Ⅱ. ①乔… ②苏… Ⅲ. ①化石—普及读物②矿物—普及读物
Ⅳ. ①Q911.2-49②P57-49

中国版本图书馆CIP数据核字(2010)第130743号

AN INTRODUCTION TO FOSSILS AND MINERALS: Seeking Clues to the Earth's Past,
Revised Edition by Jon Erickson
Copyright © 2000, 1992 by Jon Erickson
This edition arranged by Facts On File, Inc.
Simplified Chinese edition copyright © 2010 by Capital Normal University Press
All rights reserved.
北京市版权局著作权合同登记号 图字:01-2008-2147

活力地球丛书
XUNZHAO DIQIU DE BAOZANG—HUASHI YU KUANGWU
寻找地球的宝藏——化石与矿物（修订版）
[美] 乔恩·埃里克森　著
苏永斌　译

项目统筹　杨林玉		版权引进　杨小兵　喜崇爽	
责任编辑　林　予		封面设计　王征发	
责任校对　李佳艺			

首都师范大学出版社出版发行
地　址　北京西三环北路105号
邮　编　100048
电　话　010-68418523（总编室）　68982468（发行部）
网　址　www.cnupn.com.cn
北京集惠印刷有限责任公司印刷
全国新华书店发行
版　次　2010年7月第1版
印　次　2013 年 2 月第 5 次印刷
开　本　787mm×1092mm　1/16
印　张　16.75
字　数　185千
定　价　39.00元

目录

1 地球的历史
了解我们星球的过去

前寒武纪 ／ 古生代 ／ 中生代

2 打开地质历史之门的钥匙
地质年代学原理

打开生命史之门的钥匙 ／ 进化的证据

3 岩石
岩石是如何形成的

10 在哪里可以发现化石和矿物

简表

致谢

感谢美国国家航空航天局（NASA）、加拿大国家博物馆、美国国家海洋大气局（NOAA）、美国国家公园管理局、美国农业部土壤保护局、美国地质调查局（USGS）、伍兹霍尔海洋研究所（WHOI）为本书提供照片。

本书能付梓出版，有赖于Facts On File出版社资深编辑弗兰克·达姆斯戴特先生，副主编辛西娅·雅兹贝克女士等的大力帮助，在此深表谢意。

序言

在地质学领域中，获得大众关注最多的当属化石和矿物了。恐龙和宝石这些奇珍异宝所散发出来的神秘而奇特的美吸引着每一个人，无数的地质学家为了探索这种美的真谛而步入地学殿堂。这里就有这么一位地质学家——乔恩·埃里克森，他将要向我们讲述关于自然界中各种矿物和化石的动人故事。如果你对我们赖以生存的自然界感兴趣的话，化石与矿物这本书正是为你而著，你可以从中获得关于自然界中有关化石和矿物的各种丰富而重要的知识。

尽管有些化石的名字是很令人感到困惑的——它们生僻且怪异，但是当你克服障碍对其进一步了解以后，一些自然界的谜题将迎刃而解。例如，你将知道某些岩石是如何形成和演化的，由此可见化石的重要性。当然矿物在岩石的形成演化中也扮演着非常重要的角色，对此本书也有详细论述。本书共分为10章，对地质历史中化石、矿物之间的联系和相互作用进行了阐述。作者为我们展示了超过40亿年的地球演化史，同时揭示了在这部浩瀚的地球传奇史中化石与矿物所扮演的重要角色。

相对于本书所涵盖的众多知识点来说，给她起如此短的名字显然是不够的。但是章节标题包含了充分的信息，将各章所论述的各种事物及其相互关系合理并充分地表达了出来。本书从地球历史、岩石类型、海相化石、陆相化石、晶体、宝石和贵金属等方面系统地展开论述，让我们可以洞悉奇特地球的方方面面。本书力求将最新的发现和观点呈献给读者，如全球构造学说及动物群消亡理论，其中详细论述了恐龙是如何灭绝的。

乔恩·埃里克森奉献给我们的是一本条理清晰、通俗易懂的科普读物，非常适合大众阅读。本书内容翔实，论述严谨，同样也会受到地质学家的欢迎。书中的大量图件，包括地图、照片、线条画及示意图等，大大增加了本书的可读性和观赏性。

《寻找地球的宝藏——化石与矿物》不仅适合初涉地质学的初学者，而且同样可以满足那些要求苛刻的专业学者的阅读需要，我向大家郑重推荐这本书。

唐纳德·R·柯茨博士

简介

最早的地质学知识是从化石那里得来的，起初化石被用来确定地层的相对年代。现在，随着科技的进步，地质学家们可以利用先进的测年法测定化石的确切年龄，这对于重现古代海洋及陆地生物的演化历史有着重要的意义。化石研究是认识生命演化史及揭示生命奥秘的最基本手段，通过解读埋藏于岩石之中的化石所蕴含的丰富信息，科学家们可以为我们展示一幅地球历史的鲜活画卷。

古代人类早已对矿物和宝石有所利用，通过对古人类遗迹的发掘可以清楚地说明这一点。在现代社会，人们仍然离不开它们，璀璨的宝石可以带给人们以美的享受，地下蕴藏的丰富矿产资源是人类社会前进的动力，最普通不过的岩石和矿物见证了整个地球的演化史。在本书中，你还将见到很多不寻常的矿物和岩石，比如可以发出声音的石头，随着太阳的涨落而改变"生长"方向的石头，在黑暗中发光的石头以及自反转磁场的石头等。

本书将带你走入一个奇妙的地质世界，你将认识地球的物质组成、岩石类型、矿物及化石的定年与分类等。你还将学习如何去识别、收集有用的化石及矿物，这对增加你个人的地质学知识很有帮助。本书对地质学专业的学生来说也具有一定的指导意义。

地层出露的地方是研究地质学的理想场所，在大自然中这样的地方比比皆是。通过本书的学习，相信你会对地质学产生浓厚的兴趣，也许你也有很多关于自然界各种现象的看法及疑惑，那就走出家门，到广阔的山野中去寻找答案吧。

1

地球的历史

了解我们星球的过去

我们生活的地球是一个活动的星球，并非一成不变。大陆在熔融质岩石的海洋之上漂浮不定，崇山峻岭隆升后接受剥蚀，剥蚀物沉积后形成平原；受全球海陆格局变化的影响，海水此消彼长；曾经遍布各大洲的冰川如今偃旗息鼓，退守两极。生命的舞台也同样变幻不定，盛极一时的物种也会面临消亡的命运。你身处其中，却很难发觉其中的变化，因为这样漫长的历史是以数百万年计的地质年代为计量单位的。每一个地质时代都有其自身的特点，有着与其他地质时代不同的生物和地质特征（图1）。

现在的地质年代表的原型诞生于19世纪，是由大不列颠和西欧的一些地

图1
地质年代螺旋图（摘自地震信息学报214期，由美国地质调查局提供）

质学家提出来的（见第二章图32）。最大的地质年代单位是代（译者注：最大的地质年代单位应当是宙，其次为代、纪、世），包括前寒武纪、古生代、中生代和新生代。纪是比代更小的年代单位，古生代可分为7个纪（美国地质学家将石炭纪分为两个纪：密西西比纪和宾夕法尼亚纪），中生代可分为3个纪，新生代分为两个纪。通常以大规模的生物灭绝、激增或者物种的快速演变作为年代划分标志。

新生代可以进一步划分为7个世，各有其不同特征。如更新世，大规模的冰川活动是其主要特征。前寒武纪未进行细分，因为这个时代的化石数量太少了，缺少划分依据。在古生代以前很少有生物保存下来变成化石，而在5.7亿年（古生代与前寒武纪的分界线）前的时候，生物演化出了硬质的外壳以防御掠夺性动物的捕杀。这一演化造成了生命的大爆发，大量的生物日后变成化石被保存下来。

前寒武纪

前寒武纪这个历时最长的时代占据了地球历史的最初9/10的时间（大约为40亿年），而我们对它的了解程度却是最低的，原因就是化石数量的稀少。前寒武纪包括冥古宙（或称无生宙，距今46～40亿年前）、太古宙（距今40～25亿年前）和元古宙（距今25～6亿年前）。太古宙和元古宙之间的界线并不是截然的，划分依据主要是岩石特征。通过对太古宙和元古宙岩石的研究发现，太古宙是地壳快速形成的时期，而元古宙时期则相对平静。

太古宙相对于其他时期来说，地球内部温度更高，地壳厚度更薄。因此，地壳更加不稳定，板块活动性也更强。此时的地球处于一个剧烈变动的状态，到处是强烈的火山喷发和大量的陨石撞击，这些对原始生命形态的形成也许起着至关重要的作用。

大约40亿年前，地壳开始成形，主要由薄层玄武岩和分散的花岗岩块组成。在位于加拿大西北部的大奴湖地区（Great Slave）发现的Acasta片麻岩是古代的花岗岩经变质作用后形成的，通过研究我们发现，占现今陆块约1/5的陆壳大部分都是在40亿年前形成的。在格陵兰西南部偏远山区的Isua组中，地质学家发现了大量由海相沉积物形成的变质岩，由此推测至少在38亿年前地球上就已经出现了海洋。

最初形成的花岗岩组成了大陆的基底，其上覆盖有沉积物。这些基底构成了大陆的核心，当基底上的沉积物被剥蚀后形成的盾形的古老花岗岩地层称为地盾。如图2所示，世界各地都有大面积的前寒武纪结晶基底出露。地盾周围覆盖有沉积物的结晶基底称为地台。

绿岩带是前寒武纪地盾内部或结合处经蚀变变质形成的基性火成岩带，通常呈条带状分布，可以反映古代海洋的收缩和大陆的碰撞。绿岩带面积可达数百平方英里，主体为片麻岩。绿岩带含有大量由绿泥石变质形成的矿物，而绿泥石是海洋沉积物中特有的矿物。所以，绿岩带具有重要的构造活动指示意义。如图3所示的板块构造模型就是以绿岩带研究为基础，经过不断完善形成的。

地质学家对绿岩带有着很浓厚的研究兴趣，因为它不仅可以提供关于板块构造的重要证据，而且具有很重要的经济价值。世界上多数的金矿都是采

图2
前寒武纪大陆地盾分
布图（地盾由地球上
最古老的岩石组成，
是现今大陆的雏形）

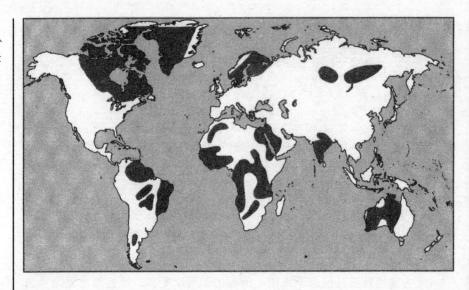

自绿岩带。印度的考拉尔（Kolar）绿岩带蕴藏着世界上最富的金矿，这个绿岩带长约50英里（约80.5千米），宽约3英里（约4.8千米），形成于25亿年前的板块碰撞。在非洲，最好的矿床都是在很古老的岩石（大约有34亿年历史）中发现的，南非大部分金矿也是发现于绿岩带中。在北美洲也是如此，最好的金矿位于加拿大西北部的大奴湖地区的绿岩带中，在这一地区，迄今已发现超过1000个矿床。

在绿岩带中包含有很多重要的岩类，如蛇绿岩（ophiolites，"ophic"在

图3
板块构造模型
新的洋壳在洋脊处形
成，然后随着洋脊的
扩张向两侧运动，最
后在消减带或海沟处
（大陆或岛弧的边
缘）消亡。大陆板块
受这种力的推动在地
球表面之上漂移，这
就是板块构造学说的
基本思想

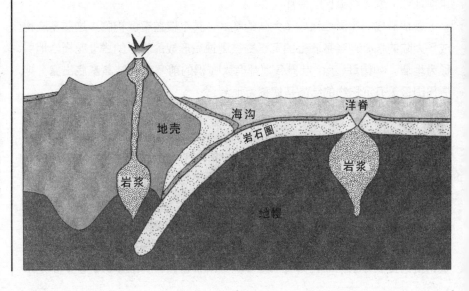

希腊语中意为蛇）和枕状熔岩。蛇绿岩是洋壳拼贴到陆壳之上形成的一种层状岩体，通常具有长达36亿年的历史。很多蛇绿岩中都发现有熔矿岩石，在世界范围内蕴藏了相当多的矿产资源。枕状熔岩是岩浆在水下喷发后冷凝形成的一种管状玄武岩，说明海底曾发生过火山喷发。绿岩带基本上只出现在太古宙地壳中，所以可将绿岩带的消失作为太古宙结束（大约为25亿年前）的标志。

元古宙（距今25～6亿年前）是地球上一个经过剧烈动荡后相对平静的时期，标志着地球从青少年期进入成年期。在元古宙之初，现今陆壳的大部分（约3/4）已经形成，陆地更加稳定并且熔合成一个单一的超级大陆。这个超级大陆的内部充满了大量的火山活动和岩浆侵入，并伴随着地壳的断裂和拼合。与此同时，侵蚀作用和沉积作用在一刻不停地塑造着大陆的表面。元古宙时期的全球性气候是相当冷的，地球上第一个大冰川期（距今23～24亿年间）就出现在这个时候（表1）。

表1　主要冰川活动事件表

时间(年)	事件
10,000～现在	现代间冰期
15,000～10,000	冰盖融化
20,000～18,000	末次盛冰期
100,000	最近一次冰川幕
1 Ma.	第一次主要间冰期
3 Ma.	北半球经历第一次冰川幕
4 Ma.	冰川覆盖格陵兰岛和北冰洋
15 Ma.	南极洲经历第二次大冰期
30 Ma.	南极洲经历第一次大冰期
65 Ma.	气候恶化，极地气温明显下降
250～65 Ma.	气候温暖而且相对均衡
250 Ma.	三叠纪大冰期
700 Ma.	前寒武纪大冰期
2.4 Ga.	第一次大冰期

译者注：Ma代表百万年，Ga代表10亿年

元古宙初期，位于地表或近地表的沉积物构成了早元古宙沉积岩的主要物质来源。大量的太古宙岩石经过风化、搬运和再沉积后变成了元古宙的沉积岩。直接从原岩剥蚀下来的沉积物形成的岩石叫做杂砂岩，通常也称为泥质砂岩。大部分的元古宙杂砂岩由砂岩和粉砂岩组成，其物质来源主要是太古宙绿岩。元古宙岩石中另外一种常见的岩石类型——石英岩，是一种细粒的变质岩，其源岩为硅质颗粒岩，比如花岗岩或长石砂岩（一种含丰富长石的粗粒砂岩）。

元古宙岩层中，还含有大量的由砾石致密堆积而成的砾岩。在美国犹他州的尤因塔山脉（图4）——北美两条主要的东西走向的山脉之一，有着厚达两万英尺（约6千米）的元古宙沉积岩。在蒙大拿州的元古宙岩层带中，沉积物厚度达11英里（约17.7千米）。元古宙沉积中，有一种特征性的陆相红层沉积，形成于大约10亿年前，这种岩石主要为砂岩和页岩，由于胶结物含有较多铁氧化物而呈红色。铁会生锈就是因为空气中含有氧气，这种红层的大量出现说明在元古宙的大气中已经含有相当数量的氧气。

风化作用可造成原岩（或称母岩）中的碳酸钙、碳酸镁、硫酸钙以及氧化钠的溶解，这些物质沉淀下来可形成石灰岩、白云岩、石膏或石盐。加拿大西北部的马更些山区的白云岩厚达1英里（约1.6千米），其成因主要是化学沉淀而非生物作用。碳酸盐岩中的石灰岩和白垩的物质来源主要是低等生物的壳或骨骼，在元古宙后期（约7~5.7亿年前）由于分泌石灰质的生物增多，这类岩石开始变得普遍。而在太古宙岩石中，则几乎没有石灰岩和白垩出现。

元古宙时期，大陆由零星的太古宙克拉通组成。在最初的15亿年中形成的数十个克拉通大约占现今陆块体积的1/10，它们大小不一，最大的有现今北美洲1/5大小，最小的还没有德克萨斯州的面积大。这些克拉通主要由经强烈改造过的花岗岩和变质的海相沉积物和熔岩流组成。

大约在20亿年前，北美的几个克拉通碰撞拼合在一起，组成一个北美古大陆——劳伦古陆（Laurentia，见图5）。在北美、格陵兰以及北欧，其大陆内部的演化大致集中进行了1.5亿年，之后只有劳伦古陆继续生长，许多小的陆块和年轻的火山岛链被拼贴到劳伦古陆之上。在美国，从亚利桑那州到五大湖区再到阿拉巴马州的这一大片地区的大陆地壳大部分形成于18亿年前。那时的地壳处于爆发式生长阶段，其规模在整个地球史上是独一无二的。在元古宙时期，虽然相对于太古宙略显平静，但其构造活动的强度和地壳的生长速度是其后的各地质时期都无法企及的。

在经历了快速的大陆建造之后，劳伦古大陆又进入了一个火山活动频繁的时期（16~13亿年前）。从加利福尼亚州南部到加拿大拉布拉多的大片地区，可以发现长达数千英里的红色花岗岩和流纹岩带，它们分别是熔融的岩浆在地下和地表冷凝固结后形成的。劳伦古陆的花岗岩和流纹岩厚度极薄，这说明当时古大陆处于拉张减薄行将断裂的阶段。

图5

劳伦古陆——20亿年前的北美古大陆

这些花岗岩和流纹岩在密苏里州、俄克拉荷马州和其他一些地方均有出露，而在大陆的中心部位，它们被厚达一英里（约1.6千米）的沉积物所覆盖。另外，在苏必利尔湖地区发现有大量的玄武岩。在11亿年前，内布拉斯加州东南部出现了一条巨大的地裂缝，从中涌出了大量的玄武质岩浆，这些岩浆最后流入苏必利尔湖地区并在那里冷凝固结形成今天所看到的玄武岩。而在达科他州发现的火山岩弧则是来自千里之外的加拿大中部和东部地区。

元古宙时期的海洋生物同太古宙时期相比其生命形态更加高级了，并且种类更加丰富多样。在澳大利亚南部的艾迪卡拉组中发现的6.7亿年前的各种古生物（图6），其多样性和丰富程度令人吃惊。在经历了地球上最大规模的冰川活动（指前寒武纪冰川期，当时地球上几乎一半的陆地被冰川覆盖）之后，冰川面积开始缩小，海洋变得温暖起来，于是地球第一次迎来了生命的春天。

在澳大利亚艾迪卡拉组发现的那些奇特而又怪异的海洋生物，再加上大量的实验动物（experimental animal），构成了元古宙生物界的一大特色。当时的生物门类多达100余种，且生物体外形相似，其中只有约1/3延续到现在。元古宙的生物大量出现是划分地质年代的一个至关重要的标志，之后的古生代、中生代和新生代出现的各种生命形态，都可以追溯到这个时候。在元古宙时期，出现了可以分泌钙质的动物，这种动物具有坚硬的钙质外壳，

图6
澳大利亚晚前寒武纪艾迪卡拉动物群

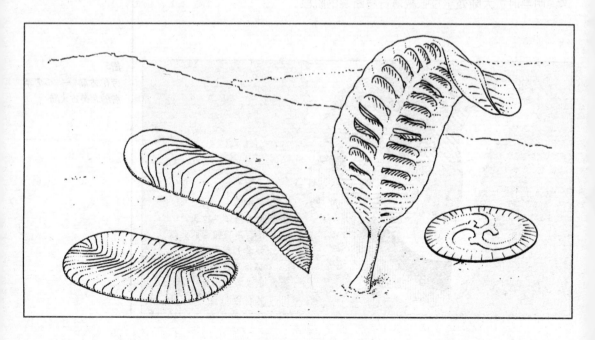

为化石的大量保存提供了条件。

元古宙后期（距今6.3~5.6亿年前），位于赤道附近的罗迪尼亚大陆（俄罗斯人称之为母陆，motherland）分裂成四或五个主要的大陆。这样一来，大陆边缘的面积增加了很多，这就给碳酸盐岩的形成创造了有利条件。大量增加的海岸为生物提供了更多的栖息地，再加上寒武纪温暖的海水的共同作用，在古生代早期大量的新兴物种如雨后春笋般出现了。

古生代

古生代（距今5.7~2.5亿年前）是一个生物大量繁盛的时代，其生物多样性和分布范围都达到了顶峰。在古生代中期，所有主要的动物、植物种类都已经出现。古生代早期称为寒武纪（Cambrian），其名称来源于威尔士中部的坎布里奇（Cambrian）山脉，在那里发现了迄今为止最古老的化石。寒武纪曾被认为是最早开始出现生命的时代，而之前的时代都被称为前寒武纪。

古生代又可进一步划分为两个阶段：早古生代和晚古生代，两个时代所经历的时间大致相当。早古生代包括寒武纪、奥陶纪和志留纪，晚古生代包括泥盆纪、石炭纪和二叠纪。早古生代的地质活动相对平静，只有少量的造山运动、火山喷发或冰川活动，而且气候也没有大的异常变化。大部分的大陆位于赤道附近，所以寒武纪的海水很温暖。由于气温升高，海水上涨，很多陆地都被淹没。海洋生物也随之繁盛起来，许多新的物种在这时大量涌现出来，使得寒武纪的生物种类空前的丰富（大概是现在的两倍之多）。许多实验生物也是史无前例地多了起来，但只是昙花一现，在现代的生物中再也难寻其踪迹。早寒武纪时期的许多新物种都没有延续太久，早早地就夭折了。

在前寒武纪末和寒武纪初的那段时间里，原始大西洋（Iapetus，又称古大西洋）开启，形成一片宽阔的陆内海域。大洪水淹没了劳伦古陆和古欧洲大陆（波罗的古陆，Baltica land）的大部分地区。原始大西洋在5亿年前位于现今北大西洋的位置，并且大小与其相当。在古大西洋中散布着一些火山岛，这种情况与现今的西南太平洋海域有些类似。大量的无脊椎动物在这片古海洋的近岸浅水环境中繁衍声息，其中三叶虫数量及种类最多，占所有物种数量的70%左右。

现今的非洲、南美洲、澳洲、南极洲和印度在寒武纪时期是连在一块的，地质上称为冈瓦纳古陆（Gondwana，图7），得名于印度中东部的冈瓦纳地区。从寒武纪到志留纪，冈瓦纳古陆大部分都位于南极地区附近。发生于寒武纪到中奥陶世的一次造山运动使得组成冈瓦纳大陆的各个大陆的边界发生变形，并且在造山活动最剧烈的时候还伴随着强烈的火山活动和变质作用。

志留纪末期，劳伦古陆同波罗的古陆碰撞，古大西洋发生闭合。发生于4亿年前的这次碰撞诞生了一个新的古陆——劳亚古陆（Laurasia），系加拿大劳伦琴省（Laurentia）与欧亚大陆（Eurasian）的合称。这次碰撞还产生了如今遍布全球的各大山系，这些由于陆陆碰撞而产生的巨大山系被称为造山带（orogen），造山带一词来源于希腊语"oros"，意为山脉。

北半球的劳亚古陆同南半球的冈瓦纳古陆之间的一大片水域称为特提斯海，特提斯在希腊神话中是海洋之母的意思。从古陆剥蚀下来的巨量沉积物被带到特提斯海中沉淀下来，然后受大陆碰撞挤压抬升至地表形成山系。由于不断的剥蚀，大陆高度逐渐减小，海水上涨淹没了半数以上的陆块。大量的陆表海和宽广的陆缘海为海洋生物提供了广阔的生存空间，再加上稳定适宜的气候条件，海洋生物大量繁殖并且在世界范围内迁徙。

气候方面，从北半球广布的蒸发岩、加拿大北极地区的煤层以及生物

图7
冈瓦纳古陆示意图

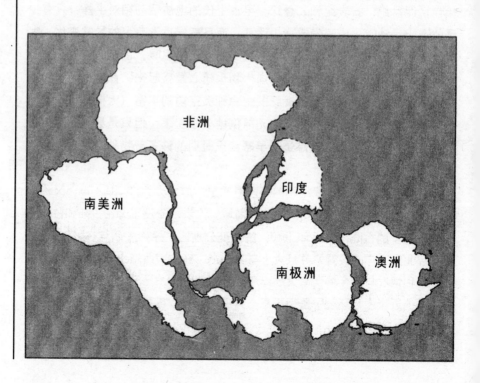

礁的发现可以看出，当时的气候是比较温暖的，而且不少地方有沙漠存在。这些推断是如何得出来的呢？原来，石灰岩、白云岩和钙质页岩的造岩生物需要在水温较高的环境下才能生存，那么，如果发现有大量碳酸盐岩存在，就可以说这个地方在古时候是温暖的。煤的沉积需要大量的植物和还原性的环境，而这正是沼泽地所具备的。从阿拉斯加东北部出发，横贯加拿大列岛，一直延伸到俄罗斯最北端的煤层带正说明了古时候这些地方都被沼泽地所占据。这样的环境催生了两栖类动物的出现和大量繁衍，成为石炭纪的一大特点。

志留纪冰期始于4亿年前，当时冈瓦纳大陆进入南极地区并在那里接受了大量的冰雪沉积。随着志留纪冰期的结束，早古生代也落下了帷幕。进入晚古生代以后，海平面下降，陆地上升，陆表海被广阔的沼泽地所取代。石炭纪的生物埋藏速度堪称历史之最，是地质历史上最重要的成煤期。大量的森林和沼泽地植物死后被埋入稀泥之中，进入一种封闭的还原环境，避免了外界的破坏，在长时间的压实和其他作用下缓慢地演变成泥炭。泥炭在地下经过长时间的成煤作用后，可以演变为褐煤、烟煤或无烟煤。

冈瓦纳大陆和劳亚古陆在泥盆纪晚期开始发生拼合，这个过程一直持续到石炭纪，最后形成一个超级大陆——联合古陆（又称盘古大陆），希腊语意为"所有的土地(all lands)。联合古陆占据了当时地球表面40%左右的面积，并且从南极一直延伸到北极，地球上另外60%的表面被泛大洋（又称联合古洋或盘古大洋）所覆盖。在联合古陆形成后的一段时间里，仍然有一些小块的陆地不断与之碰撞并拼贴其上，在三叠纪初期（约2.1亿年前），联合古陆的生长达到顶峰。

在联合古陆形成的过程中，特提斯海慢慢闭合，陆陆之间的碰撞整合消除了大陆及海洋动植物迁徙繁衍的壁垒，使得它们可以在全球范围内自由地穿梭游弋，寻找合适的栖息场所，同时也促进了物种的多样性。联合古陆周边绵绵不断的浅水环境为海洋生物的全球性迁徙提供了良好条件。可以说，联合古陆的形成在动植物的演化史上起到了重大的转折作用，陆地及海洋动植物都得到了不同程度的发展，爬行类动物开始主宰陆地，生命史翻开了崭新的一页。

联合古陆处于一种极端性气候之中，南部和北部地区寒冷如极地，而内陆地区则干燥多沙漠，鲜有生命迹象。大陆的聚拢使得整体性气候变得更加干燥、炽热，并且比地质历史上其他任何时期更具季节性变化。随着大陆的隆升和海平面的下降，陆地气候变得干冷，最南端的陆地已经被冰川所覆盖。陆表海分布范围缩小并且开始变窄，海洋生物的栖息地受到严重破坏。在古生代末期，二叠纪大冰期降临南方大陆，严酷的气候考验着这块土地上的一切生命。

二叠纪时期，所有的陆表海都从陆地消失了，留下了大量的陆相红层、石膏及盐沼沉积。剧烈的造山运动使大量的地壳物质发生堆叠，细长而连续的大陆边缘取代海岸线遍布联合古陆周边，使得海洋生物栖息地大量减少。近岸的不稳定环境使得捕食变得更加艰难，在食物短缺和生存空间缩减的双重灾难下，大批的海洋生物绝迹。据估计，当时约有一半的水生生物、3/4的两栖类以及超过80%的爬行类动物在极短的时间内相继灭绝，其总数超过已知生物数量的95%。这次生物大灭绝事件，使得晚古生代的生物数量又回到了早古生代的水平。

中生代

古生代结束后，地球进入中生代（距今2.5亿~6,500万年前）。中生代包括三叠纪、侏罗纪和白垩纪。在走出了古生代后期的大冰期和地质历史上规模最大的生物灭绝事件的阴霾之后，早中生代的地球开始慢慢恢复元气。地球又开始绽放生命之花，出现了多达450个新的生物种类。但是同古生代早期一样，生物种类的增加只是在原有生物基础上进行了一些演化，而未发现有全新物种的出现。所以，实验动物的演化程度进一步减弱，基本上形成了同现在一致的生物格局。

中生代早期的联合古陆仍然是一个整体，但在约1.8亿年前开始在中间部位发生开裂，然后各个大陆分崩离析，各自沿着一定轨迹运动。在中生代结束时，各个大陆到达现如今的位置（图8）。联合古陆的分裂形成了三个大洋：大西洋、北冰洋和印度洋。中生代的气候异常温暖且稳定了很长一段时间，其原因很可能是火山活动的增加和温室效应。在这种不同寻常的气候下，爬行类动物的演化尤其引人注目，它们开始海陆空全面发展，一些重新回到海洋，还有一些演化出了翅膀飞向天空。爬行类在地球上无处不在，于是中生代通常又被称为"爬行类的时代"。

三叠纪早期，大冰川时期留下的冰川开始融化，海水变得温暖起来。气候显得更加富有活力，加快了北美和欧洲的高山峻岭的侵蚀速度。大陆持续上升，海水退出了以前淹没的陆地，沙漠面积大幅度增加。海水退却后的盆地出露了大量的陆相红层、石膏和盐沼沉积。数量上占绝对优势的

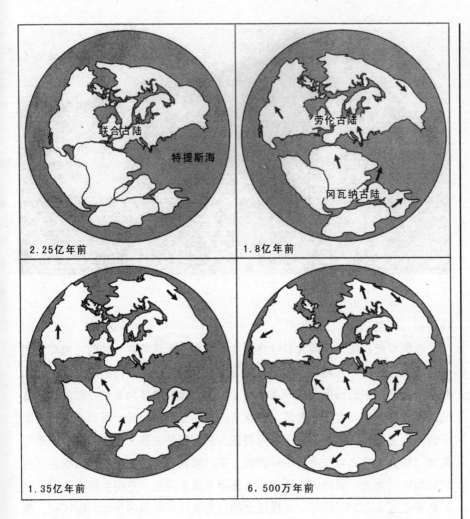

图8
联合古陆的分裂和各
大陆的漂移

联合古陆

特提斯海

2.25亿年前

劳伦古陆

冈瓦纳古陆

1.8亿年前

1.35亿年前

6,500万年前

红层由砂岩和页岩组成，它们广泛出露在美国西部的山区和峡谷地区（图9）。从加拿大新斯科舍省到美国南卡罗来纳州再到科罗拉多高原的一大片区域都被这种陆相红层所覆盖，这种红层在欧洲也很普遍，特别是英格兰的西北部地区。

中生代的西伯利亚布满了熔岩流和花岗岩侵入体，在南美、非洲和南极洲也到处可见熔岩流。在南美洲，玄武质熔岩形成厚达2,000英尺（约600米）的岩层覆盖了巴西和阿根廷的大部分地区。三叠纪时期，从北美洲东部的一条分离美洲大陆和劳亚古陆的巨型裂缝中涌出了大量的玄武质岩浆，覆盖了从阿拉斯加到加利福尼亚的大片区域。新生的火山熔岩流不断叠覆在冷却的熔岩流之上，形成一种形似梯田的阶地地形（traps，意为"梯子"

(stairs)，荷兰语）。

　　在侏罗纪初期，一条大裂缝将北美洲同欧亚大陆分开。同时，南美洲同北美洲也分离了，陆地裂开的地方被海水充注形成了大西洋的雏形。在非洲和南极洲环抱中的印度大陆同澳大利亚板块一起脱离了冈瓦纳古陆向东南方向漂移，古印度洋也随之形成。在侏罗纪和白垩纪的很长一段时间里，美国中西部一直被一片广阔的陆表海所覆盖，其沉积物主要来自东部的科迪勒拉高地（也有人称之为古落基山）剥蚀下来的碎屑物，这些碎屑物沉积在三叠纪陆相红层之上，固结成岩后被称为侏罗系莫里森组。在科罗拉多高原见到的这种红层之上的沉积层以发现巨大的恐龙骨化石而闻名于世（图10）。侏罗纪洪水泛滥，在北美洲的墨西哥东部，美国德克萨斯州南部和路易斯安那州都被洪水所淹没，南美洲、非洲和澳洲同样也处于一片汪洋之中，大量的沉积物在那个时候开始形成。

　　在中生代一系列地质活动的作用下，大陆开始变得平缓，崇山峻岭受剥蚀作用影响低缓了很多。沉积物进入海洋，使得海平面较以往有所升高。由于整体构造抬升，巨厚的北美陆表海盆沉积物出露地表并接受剥蚀。此时的特提斯海中正进行着大量的造礁活动，厚层的石灰岩和白云岩在欧洲和亚洲的陆表海中不断形成，建筑工人就是那些孜孜不倦的分泌钙质的海洋生物。后来发生的地质历史上非常重要的一次造山活动把这些钙质沉积物又抬升至地表。太平洋海盆的周边成了各种地质活动的温床，现今太平洋周围的山脉和岛弧几乎都是在这个时候形成的。

白垩纪的生物在中生代最为繁盛，它们的栖息地纵贯全球。由于在欧洲和亚洲发现有这个时期沉积的特征性的石灰岩和白垩（chalk），白垩纪（Cretaceous，来自拉丁文Creta，同Chalk）由此得名。山脉和海水继续此消彼长的态势，陆地的总面积大概只相当于现在的一半。

在白垩纪和第三纪初期，大量的陆地被海水淹没，形成了大片的陆缘海和陆表海。有的陆表海将大陆一分为二，例如北美洲落基山脉及高原地区的陆表海，现今南美洲亚马逊盆地位置的陆表海等。由于特提斯海和新生的北冰洋的合并使欧亚大陆也发生了分裂。所有白垩纪的海洋与处于赤道地区的特提斯海和中美洲海道都是连通的，形成了一个独特的环球洋流系统，减少了极端性气候出现的可能性，使得白垩纪的海洋更适合生存。

临近白垩纪末期，北美洲和欧洲之间只通过北部的格陵兰地区的大陆桥相接。亚洲和阿拉斯加之间的白令海峡开始变得狭窄，限制了北冰洋的发展，使其成为一个被陆地所包围的海域。非洲板块向北漂移，将与南极洲连接在一起的澳大利亚板块远远抛在后面。

与此同时，印度板块开始穿越赤道向北运动，拉近了与亚洲板块之间的距离。从印度板块西侧的一处大裂缝中涌出了大量的熔浆，覆盖了印度中西部的大部分地区，形成了今天我们所熟知的德干高原。历经数百万年的火山

图10
在怀俄明州克拉夫利的一处采石场发现的恐龙墓地。在6,500万年前，包括恐龙在内的70%的生物在极短的时间内突然灭绝（美国地质调查局提供，N. H.达顿拍摄）

活动，共大约有100条熔岩流形成了厚达8,000英尺（约2,400米）体积超过35万立方英里（约146万立方千米）的熔岩体。格陵兰也在这个时候开始了同挪威和北美的分离，大量的玄武质岩浆布满了格陵兰东部、英国西北部、爱尔兰北部和英国与爱尔兰之间的法罗群岛。

白垩纪末期，海水退却，海平面下降，气候变得更加寒冷。全球性气温的下降和气候的多变使得白垩纪末的地球暴风肆虐，狂风裹挟着碎屑物把地球变得面目全非。如此恶劣的气候使得生态稳定性受到严重破坏，也使之成为白垩纪末生物大灭绝的罪魁祸首之一。

新生代

新生代是指从6,500万年前直至今天的这段时间，包括第三纪（6,500～200万年前）和第四纪（200万年前～现在）。第三纪和第四纪的名称来自于已经废弃的旧制地质年代表，其中地质历史时期共被分为四个纪：从第一纪一直到第四纪。

多数的欧洲和美国地质学家倾向于将新生代等分为两个纪。较早的一个为古近纪（又称早第三纪，距今6,500～2,600万年前），包括古新世、始新世、渐新世。较晚的一个为新近纪（又称晚第三纪，2,600万年前～现在），包括中新世、上新世、更新世和全新世。虽然对新生代的划分存在不同意见，但有一个事实是公认不变的，那就是新生代是"哺乳类动物的时代"。

新生代的地球一直处于一个动荡的环境之中，生物必须适应各种不同的环境才能够生存下来。一些大陆桥不时被海水淹没，阻止了大陆间动植物的迁徙。气候变化归根结底是地壳板块的运动等大地构造活动造成的，是一种地球能量由内向外传递的一个结果。

在大约5,700万年前，格陵兰开始同北美洲和欧亚板块分离。400万年前的格陵兰，大部分地区都是见不到冰的，但是，今天的格陵兰岛却成为了世界上最大的冰雪之岛，冰层厚度最大可达3千米。阿拉斯加同西伯利亚时断时连，当陆地相接时，流向北冰洋的热带洋流被阻断，大量的北冰洋浮冰在那个时候开始形成。

南极洲板块和澳大利亚板块同南美洲板块脱离向东运动，后来二者分道扬镳，澳大利亚继续向东北方向移动，而南极洲板块则向南极点漂移。在大约4,000万年前的始新世，南极洲板块到达南极位置并在那里形成了几乎遍布整个南极地区的永久性冰盖（图11）。

　　新生代时期的一大特点就是造山活动比较多，美国西部现今的地质地形特征（图12）就是在新生代形成的。从墨西哥出发纵贯北美直达加拿大的落基山脉，形成于8,000~4,000万年前的拉腊米造山运动。在渐新世，多条大断层切穿内华达山脉和Wasatch山脉之间的盆地山脉区，形成了如今的南北向分布的盆岭区。在最近的1,000万年里，加利福尼亚州的内华达山脉地区上升了大约7,000英尺（约2,100米）。

　　大约5,000万年前，非洲板块同欧亚板块碰撞，特提斯海消失，板块碰撞形成了很长的山脉和两个大型的陆表海：古地中海（ancestral Mediterranean）和占据大半个东欧的古地中海边缘区（Paratethys，由黑海、里海和咸海组成）。特提斯海中经过数千万年沉积下来的沉积物被堆叠到狭长的造山带的南北两侧。这次造山运动称为阿尔卑斯造山运动，被视为古近纪和新近纪的分界线。意大利北部的阿尔卑斯山脉就是在这次造山运动中形成的。

　　世界屋脊喜马拉雅山也是在古近纪形成的。大约4,500万年前，印度板块同亚洲板块发生碰撞，在亚洲南部形成了高大的喜马拉雅山脉和宽广的青藏高原。能够造成如此大规模地壳物质隆升的造山运动，在近10亿年来的地质历史中仅此一例。在南美洲西海岸发生的海陆板块碰撞形成了纵贯南美的

图11
南极洲维多利亚地泰勒冰川区（美国地质调查局提供，W. B. 汉密尔顿拍摄）

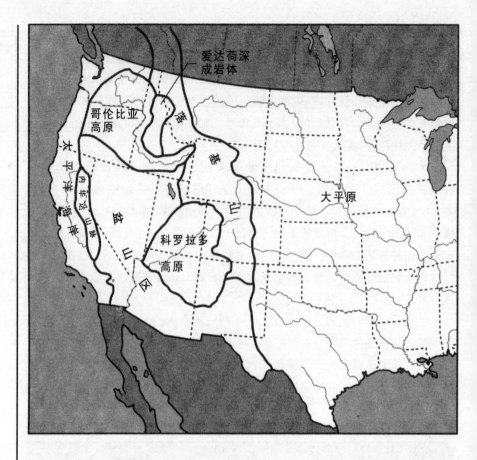

图12
美国西部的地质分区

安第斯山脉，但是构造活动并没有就此停止，太平洋板块继续向南美洲板块运动，造成两者之间的纳兹卡板块俯冲至南美洲板块之下（图13）。俯冲至地下的岩石发生熔融，形成巨大的岩浆房，使得南美洲西海岸频繁发生剧烈的火山活动。

第三纪时期地球上爆发了大量的火山活动，造成了很明显的温室效应，这就可以解释为什么始新世（5,400～3,700万年前）时期地球为什么会这么热。从科罗拉多州一直延伸到内华达州的一条巨型火山带在3,000～2,600万年前的这段时间经历了强烈的喷发，喷出的熔岩中带有大量的二氧化碳，其所带来的温室效应使得当时的地球异常温暖，哺乳类动物就在这个时候出现了。冬季不再寒冷，在北方的怀俄明州甚至可以发现鳄鱼的足迹，蒙大拿州到处可见大量的棕榈树、苏铁类植物和蕨类植物。

在2,500万年前的渐新世，北美板块和太平洋板块间的相互作用产生了横贯加利福尼亚南部的圣安德列斯大断裂（图14）。大断裂使得下加利福尼亚从北美洲脱离，同时加利福尼亚湾开启，为科罗拉多河打开了一个新的通向海洋的出口，由此也为其拉开了塑造科罗拉多大峡谷的序幕。

　　1,700万年前在华盛顿州、俄勒冈州和爱达荷州出现了一次玄武质岩浆的大喷发，一直持续了200万年，形成了巨大的哥伦比亚河高原（Columbia River Plateau，图15）。岩浆流覆盖了20万平方英里（约51.8万平方千米）的范围，有的地区覆盖厚度可达10,000英尺（约3,000米）。从加利福尼亚州北部到加拿大的喀斯喀特山脉（Cascade Range）的巨大火山带和科罗拉多高原及马德雷山脉（Madre Range）地区也经历了猛烈的喷发并断断续续进行了很长时间。1,600万年前从大西洋洋脊溢出的玄武岩浆形成了一个宽达900英里（约1,449千米）的火山高原，其中有1/3出露海面。现在的冰岛（欧洲岛国）就处于大西洋洋脊的延伸线上。

　　在大约300万年前，巴拿马地峡在南、北美洲板块的碰撞作用之下抬升出海面，给两个陆地上的动植物提供了一次难得的迁徙机会。但同时也阻断了大西洋流向太平洋的寒冷洋流，再加上北冰洋的封闭中断了来自太平洋方向的温暖洋流，这些因素共同作用，使得更新世迎来了一次大冰期。在这期间，地球的两极都覆盖了永久性冰层，自白垩纪以来，新生代的气候一直处于降温的状态之中。当地球上所有的板块都已就位于现今的位置，而且造山活动也偃旗息鼓，高山停止生长的时候，地球又一次迎来了冰河世纪。

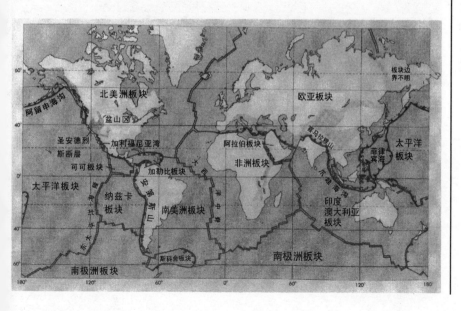

图13
现今世界的岩石圈板块分布图（注意纳兹卡板块和南美板块的位置）（美国地质调查局提供）

图14
南加州的圣安德列斯大断裂（美国地质调查局提供，R. E. 华莱士拍摄。）

更新世冰河期

在更新世时期，地球曾经历了一次全球性冰川的生长与消亡过程。300万年前，北太平洋上众多的火山喷发形成的火山灰遮蔽了大半个天空。由于缺少阳光照射，地球上的气温开始迅速下降，在这个时候，大规模的冰川开始在世界各地形成。两极地区、加拿大、格陵兰以及欧亚大陆北部（图16）的大部分地区都被厚厚的冰层所覆盖，有时候厚度可达2英里（约3.2千米）甚至更大。这次大冰期开始于11.5万年前，在7.5万年前进入迅速发展阶段，1.8万年前达到最盛。

更新世冰河期的北美洲大陆被两个巨大的冰川群所覆盖，其中最大的一个称为Laurentide，北至北冰洋，南至加拿大东部、新英格兰及美国中西部，面积达500万平方英里（约1.28×10^7平方千米）。另外一个冰川称为科迪勒

图15
哥伦比亚河玄武岩之上的帕卢斯瀑布，位于华盛顿州富兰克林·惠特曼县（美国地质调查局提供，F. O. 琼斯拍摄）

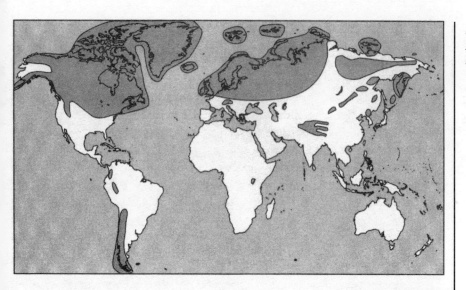

图16
更新世冰河期地球上
冰川的分布图

拉冰川，发源于加拿大的落基山脉，覆盖了加拿大西部和阿拉斯加南部及北部地区。在美国西北部的多山地区也可见到很多分散的冰川，怀俄明州、科罗拉多州和加州的高山冰川连成一线，向南一直延伸至墨西哥。

在欧洲，同样存在两个大型的冰川。最大的称为芬诺斯堪的亚冰川，从北部的斯堪的纳维亚向南呈扇状延伸，覆盖大不列颠大部分地区（南至伦敦）、德国北部、波兰及俄罗斯的欧洲部分。另外一个冰川称为阿尔卑斯冰川，以瑞士阿尔卑斯山为中心，覆盖包括奥地利、意大利、法国和德国南部在内的大部分地区。在亚洲，冰川主要集中在喜马拉雅山脉和西伯利亚。

在南半球，只有南极洲存在大规模的冰川，其面积大概比现在的南极洲冰川面积大10%。而围绕南极洲大陆的海洋冰川面积更是现在的两倍之多。在澳大利亚、新西兰及南美洲安第斯山脉也零星分布着很多小型的冰川，其中，南美洲安第斯山脉上的冰川是组成南阿尔卑斯冰盖最主要的部分。当时世界上其他地区也分布着众多的高山冰川，不过很多在后来的气候变暖过程中消失了。

低温使得海水的蒸发量减少，降水量也随之减少，造成了这一时期沙漠面积的显著增加。遮天蔽日的沙尘暴阻挡了阳光，使得气候愈加寒冷，远远低于现今气温的平均值。在美国中部发现的黄土层就是在更新世冰河期时形成的。

地球上约有5%的水保存于冰川之中。更新世时期，大陆冰川保存的水量约有1,000万立方英里（约4.1×10^7立方千米），覆盖约1/3的大陆地表，

其规模是现代冰川的3倍之多。冰川增多, 海水相应就会减少. 据估计, 由于冰川的增加更新世的海平面下降了约400英尺 (约120米), 海岸线向海方向平移了100英里 (约161千米) 甚至更多。海水的退却使得原来淹没于水下的大陆桥重见天日, 重新成为各大陆之间动植物迁移的重要纽带。在经历了严酷的环境考验之后, 很多哺乳动物都具备了抵御严寒的能力, 当大陆桥开放的时候, 它们迁移到了北半球, 并在相对温暖的地区定居下来。这些动物包括猛犸象、剑齿虎和巨型的树懒等。

发生于1.1万年前的全新世间冰期气候变化可以算得上是地质历史上最显著的气候变化了, 更新世积聚的大量冰川在短短几千年时间内大量融化, 造成海平面的迅速上升。冰川的消融留下了众多的冰川遗迹, 如蛇丘、鼓丘以及冰川巨砾 (图17)。在1.6万至1.2万年前大约4,000年的时间里, 约有1/3的更新世冰川消失, 气温上升约5℃, 与现代气温相当。深海洋流循环系统也开始重新启动。

当冰川消融, 气候变暖, 动物们终于迎来了它们的春天。在非洲发现了河马属化石说明当时那里曾是生机勃勃的一片绿洲, 很多如今被荒漠覆盖的非洲大陆都属于湿润地区, 有很多湖泊。撒哈拉沙漠边缘的乍得湖, 面积约为现在的10倍之多。面积广阔的沼泽地孕育了种类丰富的生物, 大型动物如河马和鳄鱼的化石的发现正说明了这一点。

下一章我们将介绍如何通过化石研究揭开地质历史的神秘面纱。

2

打开地质历史之门的钥匙

地质年代学原理

　　早在古希腊时，人们就已经对化石有所研究，当时的哲学家们认为在山石中发现的贝壳是古代的生物体死后留下的东西。亚里士多德（公元前384～公元前322年，古希腊哲学家、科学家、教育家。）能够认识到鱼骨化石是一种生物遗骸，但他不明白为什么它们会出现在石头之中，他们只是将这种现象归因于某种神秘的力量。那时的人们普遍认为化石都是一些被诅咒了的生命，抑或是撒旦为了不让人们看清这个世界的真实面目而玩的一个小把戏，还有人认为它们只是大自然在造物的时候一不小心造出的残次品。这种带有宗教色彩的化石成因论在中世纪一度非常流行。

文艺复兴时期，随着科学被人们重新重视起来，对化石成因的解释也开始有了不同的声音。18世纪的科学家们已经明确认为化石是古代生物的遗骸，因为它们与今天的生物体有很多相似之处，完全不同于在岩石中发现的非有机质的结核体。如果各个时期的生物体都能被保存下来成为化石，那么就可以通过它们了解整个地球生命史的演变过程，包括物种的演化和灭绝。

打开生命史之门的钥匙

通过化石去探寻地球的历史确实是一种很有效的方法，但同时也面临着一些困难。地壳在整个地球演化历史中都处于一种活动状态，只有很少一部分化石能够不受其影响而一成不变地被保存下来，其他大部分化石都在地壳运动中被破坏或被重新赋存在其他岩石之中，有时甚至整个地质时代的化石都会受到这种破坏性影响。因此，单纯通过化石研究并不能完整并清晰地再现地球历史。那么如何才能准确地还原地质历史真相呢？

现代化的科学技术使得精确厘定地质历史成为可能，不论岩石中有无化石，我们都有办法计算出它们的大概年龄。本章将向大家介绍地质历史定年中广泛使用的放射性定年方法，将其与化石研究相结合，我们就可以得出一个合理而科学的地质年代表。

细菌——这种已知世界上最古老的生命形式，是迄今为止地球上发现的最丰富的物种（图18），也是其他生命赖以生存的基础。在温泉和其他热水

图18
加利福尼亚州 Imperial Junction 西北部沸腾的泥泉（美国地质调查局提供，W.C. 曼登霍尔拍摄）

图19
海底的热水泉出口处
聚集了大量的生物,
如高大的管状蠕虫、
巨型蛤和蟹类

环境中发现的一种细菌——耐热细菌, 可以告诉我们即使在温度很高的早期地球表面仍然会有生命形式存在。这种细菌没有会在热水环境中失去活性的细胞核, 所以它们可以在温度高至沸点以上的流体环境中生存, 在深海中也有这种细菌存在。这种耐热细菌被认为是地球上一切生命形式的始祖。

　　地球早期生命的生存环境是相当恶劣的, 大量的陨石不断地撞击着地球表面, 到处都有爆炸和炽热的岩浆活动。生命不断地经受这些严酷的考验, 在撒旦的魔掌中不屈不挠地奋争, 从不放过一丝生存的希望。但是每当有原始有机分子组合在一起孕育出生命的原始形态——细胞的时候, 总会有这样那样的灾难降临到它们头上, 生命之花被扼杀了。尽管如此, 地球上总会有一些地方能够为生命提供安居之所, 比如海底。海底的热水泉可以为生命繁衍提供必需的热量和充足的养料。今天, 我们仍可以在海底发现一些世界上最为奇特的物种 (图19)。

　　在地球上发现的最古老的化石包括部分微生物和叠层石 (图20), 叠层石是由蓝藻细菌 (也称为蓝绿藻) 群落组成的细粒沉积物不断堆叠形成的一

图20
亚利桑那州希拉县
Regal 矿山的叠层石
（美国地质调查局提
供，*A.F.* 史瑞德拍
摄）

种层状岩石。在荒芜的西澳大利亚North Pole地区的Warrawoona组沉积岩中，发现有大量的叠层石化石，这些沉积岩具有35亿年的历史。有一种与叠层石相伴生的岩石称为燧石（一种质地坚硬的微晶结构石英岩），这种岩石具有一种细小的、针状的微细丝结构，有可能是细菌活动造成的。

多数的前寒武纪燧石被认为是在富硅的深海环境中由化学沉积作用形成的，所以在前寒武纪早期岩石中发现的大量燧石可以证明当时多数的地壳是处于深水之中。但是North Pole地区的燧石是一例外，其形成于浅水环境。从浅海中的火山岩溶滤出的二氧化硅进入海水之中，形成一种富硅流体。当这种流体经过多孔的沉积物时，会将沉积物中原来的矿物溶解掉，同时二氧化硅发生沉淀形成燧石。被保存在这种硬度很高的燧石之中的微生物很难受到后期的变化影响，所以具有很高的研究价值。

在南非东德兰士瓦地区发现的具有34亿年历史的燧石中含有一些丝状体细菌化石，此类微化石还发现于苏必利尔湖北岸地区的具有20亿年历史的

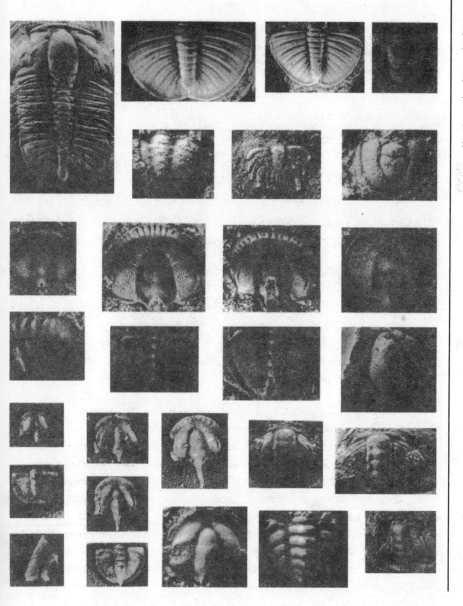

图21
寒武纪地层卡拉拉组中的三叶虫化石，发现地点：加利福尼亚和内华达的大盆地（美国地质调查局提供，A.R. 帕尔默拍摄）

Gunflint铁矿层中。这些铁矿石最初被用来生产火石，用于一种火石击发来复枪。直到后来，人们发现这种矿石可以提炼出铁，于是开始了大规模的工业开采，使之成为美国最著名的铁矿石产地之一。

在Gunflint燧石形成之后大约5亿年，一种被称为真核生物的新型细胞出现了。这种细胞具有细胞核，核内带有遗传信息的染色体可以以一定方式进行分异和合成。于是大量的基因变异开始出现，形成了一大批新兴物种。这些物种经过大自然优胜劣汰的选拔，一些具有更强适应能力的物种最后胜出，成为了当今世界所有生命形态的始祖。

迄今为止发现的数量最多的化石当属无脊椎动物，这种在第一次生物大爆发中出现的物种具有硬质外壳，不发育脊椎。而无脊椎动物之中最著名的要算是三叶虫（图21）了，三叶虫属于原始节肢动物门，是现今海洋生物——鲎的祖先。它们最早出现于5.7亿年前的古生代早期，并繁盛了很长一段时间，先后演化出10,000多个种类，之后在3.4亿年前逐渐消亡。因为三叶虫分布广泛，延续时间较长，所以可以作为一种标志性化石，用来识别古生代岩石。

三叶虫退出历史舞台后，其统治地位被大颚鱼所替代，地球上开始出现第一批脊椎动物。由于鱼类演化出了硬质的鱼骨，使得附着其上的肌肉组织可以产生更大的力量，所以鱼类相比那些无脊椎动物来说具有更大的灵活性。在迄今出现过的脊椎动物之中，不管是已经灭绝的还是仍然存活的，鱼类占了总数的半数以上。盾皮鱼（图22）是一种已经灭绝的鱼类，在头部以及颚部覆盖有坚硬的铠甲，行动笨拙，身长可达30英尺（约10米）。这种鱼异常凶猛，以小型鱼类为捕食对象，而这些小型鱼类又以三叶虫为食，形成

图22
已经灭绝的盾皮鱼，身长可达30英尺（约10米），身着厚重的盔甲

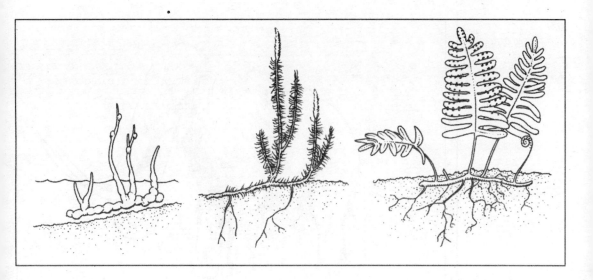

图23
海洋植物向陆地植物
的进化

了一个奇妙的生物链。

在大约4.5亿年前，鱼类称霸海洋，与此同时陆地上开始出现了越来越多的植物（图23）。植物在9,000万年的时间内迅速扩散至地球的各个角落，大陆之上到处都是成片的森林。这些植物有一部分经过埋藏和成煤作用以后变成了今天我们所熟知的重要能源之一——煤炭（一种化石能源）。在陆生植物繁盛的同时，节肢动物也从未停止繁衍的脚步，节肢动物是所有物种中数量最多的门类，共可分为100万种，占已知物种种类的80%左右。昆虫属于节肢动物门，它们可以为植物传播花粉，而花朵则回报以甘甜的花蜜。这在动植物界是多么和谐的一派景象啊！但不幸的是由于昆虫身体较为脆弱，不容易成为化石而被保存下来。迄今发现的为数不多的昆虫化石均保存于琥珀之中，琥珀是一种黄色透明的物质，是由树木分泌的黏液经固化而形成的。如果有昆虫一不小心被这些树液包裹成为琥珀，那么它的不幸将会成为我们的幸运，因为琥珀是研究古代昆虫难得的绝佳标本。

在约1亿年前植物出现在干旱的陆地上之后，脊椎动物也开始踏足这片土地。最早登陆的脊椎动物是两栖类，后来两栖类又演化出了爬行类，曾经称霸地球的恐龙就属于爬行类。在美国很多地方，尤其是西部地区的侏罗纪和白垩纪地层中可以发现大量的恐龙骨化石。与恐龙同时代的还有一些哺乳动物类，但它们大部分是夜行动物，为了避开白天恐龙的捕食时间，它们多在夜间进行捕食。白垩纪的哺乳类动物具有显著的特色，比如长毛猛犸象（图24），它们灭绝于更新世末的一次大冰期，突然降临的寒冷使得这些动

图24

长有长毛的猛犸象，
绝灭于最近的一次大
冰期

物被快速冷冻起来，成为了非常完整且宝贵的实体化石。

进化的证据

　　著名的英国博物学家达尔文曾经是小猎犬（Beagle）号皇家轮船上的一名地质学家，在1831～1836年间的5年时间里，他走遍了世界的很多地方（图25），并记录了他所发现的各种岩石和化石。达尔文受过专业的地质学训练，不过现在的人们更多地认为他是一名生物学家而非地质学家。达尔文对地质学的贡献是极其重要的，基于这些贡献，地质学在他有生之年进入了一个黄金时期。

　　在达尔文考察位于东太平洋的加拉帕戈斯群岛的时候，他发现这些岛屿上的动植物与相邻的南美大陆上的动植物有很大不同。在南美大陆上已经灭绝的雀类和鬣蜥却可以在这些岛屿上发现其近亲，这是为什么呢？原来加拉帕戈斯群岛曾经同南美大陆是连在一起的，厄瓜多尔的动植物一度统治了整个加拉帕戈斯群岛，但是后来的构造变动使得群岛脱离了南美大陆成为独立的岛屿。

　　达尔文通过对岛屿和大陆间的动物及化石的对比研究发现，动物的演化是连续的。尽管之前有人对这些现象进行过观察研究，但达尔文提出的观点无疑是具有创新性的。达尔文不同意将化石的缺失归因于生物演化的不连续性，而是将其解释为地层的剥蚀或无沉积。他认为生物的演化具有连续性，环境在变，生物也在跟着发生变化。

最能适应环境的物种可将其生存技能传承给它们的后代，而不适应环境变化的物种将被淘汰，这就是达尔文提出的"适者生存"理论。换句话说，那些成功的父母们会将自己的"优良"基因遗传给它们的下一代，使其能够更好地适应生存环境。自然选择会将生存能力最强的物种保存下来，而淘汰那些适应能力不佳的物种。当代的地质学家几乎无人怀疑达尔文的这套理论，因为他们手中有着不同地质时期的化石样品，这些化石是支撑"适者生存"理论最有说服力的证据。通过研究化石中生物体的演化规律，地质学家们可以将一些地质事件按照先后顺序排列起来，从而建立一套合理的地质年代表。

但是生物的演化并不是像达尔文描述的那样是渐变而连续的，事实上，根据化石的记录，生物的演化是间歇性且不具有任何规律的。生物界在大部分的时间内是相对平静的，物种的变异只发生在很短的时间内，随后又进入长时间的稳定期，古生物学界称之为间歇平衡。大量的新物种往往诞生于很短的时间内（大约几千年，这在漫长的地质历史中可以说是转瞬即逝），其后的数百万年时间内它们基本不会发生什么大的变化。

生物突变时期会产生大量的新物种，从化石中我们可以看出这一点。但

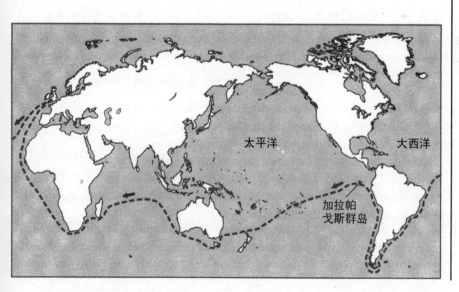

图25
达尔文当年的航行路线。从大不列颠出发，途径南美洲、澳洲和非洲，最后回到大不列颠

31

是，我们不能简单地把部分化石的缺失都归因于生物灭绝事件，还有很多其他原因可以造成化石的缺失。生物的演化是具有某种机会主义成分的，生物发生何种的变化完全取决于他们适应环境的需要。而且在生物界中，某一个物种发生了变异，必然会影响到其他与之相关联的物种。当环境开始急剧变糟时，某些不能快速适应这些变化的物种便销声匿迹了。

如前文所述，大的生物变异事件往往发生在很短的时间内，而且会产生大量的新型物种。因此我们可以认为生物演化是具有跳跃性的，大自然喜欢生物界在演化方面能够一蹴而就，不喜欢老是缝缝补补。但是某些情况下会有些例外，比如昆虫的翅膀最初是为了降温而发生的变异，后来翅膀的空气孔力学性能发生了改进，赋予了昆虫自由飞翔的能力。飞翔使得这些物种比地面上的物种具有更大的灵活性，也大大增强了它们的生存能力。

大的生物变异事件都是由于环境中的某些主要因素发生改变而造成的，如海洋中化学成分的变化、气候的变化等等，这些变化造成了自然界对生物的选择性淘汰。但是，环境的变化并不总是能够引起生物界的相关反应，优胜劣汰完全是偶发的，最能适应环境的物种将有最大的可能存活下去。尽管生物界为了适应新环境会发生某些变化，但是在大部分时间里都没有生物变异或大规模生物灭绝事件的发生，它们的生活还是相当平静的。

某些数量很少的物种很难有化石保存下来，而这些物种往往是处于中间过渡性质的物种，这种缺失在生物界被称为"失落的一环"。数量少再加上栖息地的变化使得在一个地点同时发现过渡性物种和它们祖先的可能性几乎没有。小数量的物种在一开始适应新环境的过程中产生的进化是快速的，当它们的数量达到一定程度以后，进化的速度开始减缓，形成化石的几率也开始变大。

由于某些物种自身因素（比如没有硬质壳或骨骼等）以及其他一些原因使其无法作为化石保存下来，化石记录告诉我们的信息往往是不准确的。在任何一个生态群落中，占据大部分生存空间的往往是少数几个物种，其他大部分的物种数量相对较少甚至罕见。而且，现今发现的化石基本上都是以生物群落的形式出现的，离群索居的生物个体变成化石的几率几乎为零。所以，仅仅根据化石记录推断物种的灭绝和起源时间往往会产生很多错误。比如，我们在白垩纪地层中发现了恐龙化石，而在年代更老的侏罗纪地层中却没有发现，那么我们可能会得出恐龙只是生活在白垩纪这样的结论。与此类似，如果我们在侏罗纪地层中发现了恐龙化石，而在年代更新的白垩纪地层中却没有发现，那么我们可能会以为恐龙在侏罗纪末期就已经灭绝了。事实上，有很多原因会造成化石的缺失，在解读化石提供给我们的宝贵信息时，需要结合其他科学技术和方法全面地进行分析论证。

环境变化可以引发生物的进化，反之则是行不通的，这是科学界公认的准则。但也有科学家提出相反的观点，英国化学家詹姆斯·拉夫洛克在1979年提出了盖娅假说（盖娅，是希腊神话中大地之母的名字），给地质学界带来了不小的震动。詹姆斯·拉夫洛克认为生物界能够在一定程度上控制它们所生存的自然环境，生物通过对某些自然因素施加影响来获得最优的生存环境。他还认为在生命起源之初，生物的进化是在一个既定的程序中进行的，并不受自然选择的影响，不存在偶然性。很显然，地球上发生的很多重大变化都离不开生物的参与，比如，早期地球大气中的二氧化碳浓度的降低以及海洋的富氧化（植物的光合作用可以把CO_2变成O_2）等（表2）。

对生物进化影响程度最大的自然力莫过于板块构造运动和大陆的漂移

表2　生命及大气层的演化关系

演化阶段	时代（百万年）	大气层成分
地球诞生	4,600	氧气、氦气
生命出现	3,800	氮气、甲烷、二氧化碳
可以进行光合作用的绿色植物	2,300	氮气、二氧化碳、氧气
真核生物	1,400	氮气、二氧化碳、氧气
有性繁殖	1,100	氮气、氧气、二氧化碳
后生动物	700	氮气、氧气
陆生植物	400	氮气、氧气
陆生动物	350	氮气、氧气
哺乳动物	200	氮气、氧气
人类	2	氮气、氧气

了。大陆的变动对生物的分布、孤化和演变都具有广泛的影响。板块运动引发的大陆重新配置使得全球性温度、洋流和生产率等这些跟生命息息相关的因素发生了很大的变化，大陆的相对位置及其与赤道的距离也影响着气候的变化。当大陆都在赤道附近挤作一团时（图26），地球的气候是温暖的，而当陆地分散开来并向两极地区运动时，气温降低继而引发了冰河世纪的到来。

　　大陆漂移引起的洋盆形状的改变影响了洋流的运动路径，陆缘海面积发生了变化，进而影响到海洋生物的栖息地。当超级大陆裂解的时候，大陆边缘面积增加，陆地下降，海平面上升，为海洋生物提供了更加广阔的生存环境。这时，海洋生物的数量开始急剧增加。在大陆活动非常剧烈的时期，地球上的火山活动异常频繁，尤其是在板块分离的地方，大量的岩浆从上地幔

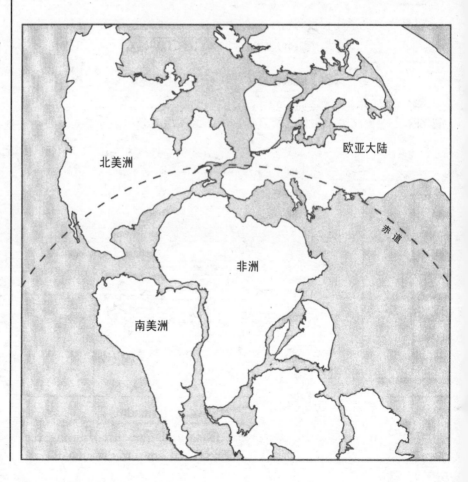

图26
泥盆纪和石炭纪时期
各个大陆相对于赤道
的位置分布图

涌出地表。火山活动可以影响大气的成分，造山运动的速度以及气候，并最终对生物的进化产生影响。

生物大灭绝

地球上的几乎所有物种都经历过灭绝事件（表3），各种生物在整个地球生命史中扮演着一个个过客的角色，最终留下来的只是很小的一部分。据统计，地球上现存及曾经存在的物种有40亿种之多，其中超过99%都已灭绝。所有生物灭绝事件的元凶不外乎两种：陨石撞击和火山喷发。大规模的陨石撞击和火山喷发会对自然环境产生巨大的影响，进而使生态环境急剧恶化——比如全球性降温，最终使大批生物从地球上消失。

在生物进化过程中，生物灭绝事件扮演着非常重要的角色，事件的严重

表3　各个物种的繁盛期及消亡期

物种	繁盛期	消亡期
哺乳动物	古新世	更新世
爬行动物	二叠纪	晚石炭世
两栖动物	宾夕法尼亚纪	二叠纪-三叠纪
昆虫	晚古生代	无
陆生植物	泥盆纪	二叠纪
鱼类	泥盆纪	宾夕法尼亚纪
海百合	奥陶纪	晚二叠世
三叶虫	寒武纪	石炭纪和二叠纪
菊石	泥盆纪	晚石炭世
鹦鹉螺	奥陶纪	密西西比纪
腕足动物	奥陶纪	泥盆纪和石炭纪
笔石	奥陶纪	志留纪和泥盆纪
有孔虫	志留纪	二叠纪和三叠纪
海生无脊椎动物	早古生代	二叠纪

程度和分布范围的大小将直接影响到生物进化的程度。生物灭绝事件是生物进化过程中必不可少的一个组成部分，对物种的演化起着至关重要的作用。试想如果没有大规模的生物灭绝事件发生，生态环境也不会有大的改变，生物链的各个环节都将保持原来的状态，也就不会有新物种的诞生。而当一个物种灭绝之后，其栖息地将会出现另外一个新的物种。地质历史上每一次大的生物灭绝事件都成为了生物进化过程中的一次分水岭，所有生物都重新站在同一起跑线上。由于生物灭绝事件对生物界产生的影响如此之大，地质学家常常将其作为地质年代的分界线。

从5.7亿年前开始到现在的显生宙时期经历了多次动物界和植物界的繁盛期和大灭绝事件（图27），在每次大灭绝事件中消失的种群均占当时物种总数的一半以上。整个显生宙共经历了5次大的生物灭绝事件和若干次小的灭绝事件，第一次大灭绝事件发生于5.3亿年前的寒武纪早期，超过80%

图27
生物种类随时间变化曲线图（图中显示了二叠纪的生物大灭绝，物种数量急剧减少。）

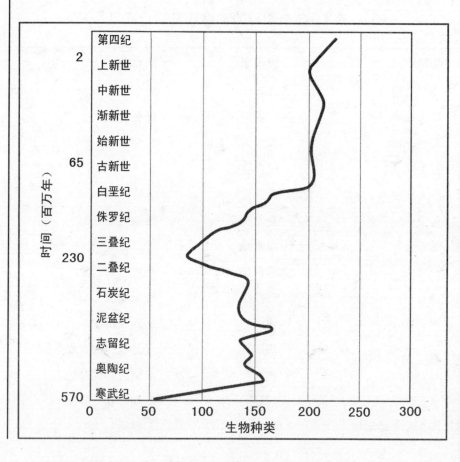

的海洋生物遭遇灭顶之灾。第二次大灭绝事件发生于4.4亿年前的奥陶纪末期，超过100个科类的海洋生物从地球上消失。在3.65亿年前的中泥盆世发生的大灭绝事件也造成了大量热带海洋生物的消亡。

化石样品记载的地质历史上规模最大的一次生物灭绝事件发生于2.5亿年前的二叠纪末期，半数的生物科类包括95%以上的海洋生物物种和80%的陆地生物物种在这次灭绝事件中彻底消失了。在2.1亿年前的三叠纪末期发生的生物灭绝事件，爬行动物类中有近一半的物种消失。尽管这些灭绝事件造成了超大规模的生物消亡，但更能吸引人们注意力的是发生于6,500万年前的白垩纪末期的一次生物绝灭事件。在这次事件中，包括恐龙（图28）在内的地球上70%的物种遭到灭顶之灾，永远地从地球上消失了。造成这些生物灭绝事件的元凶是谁呢？虽然科学家们给出了似乎明确且合理的答案，比如气候变化或海平面降低引发的生态系统极端恶化等，但真正的原因仍有待进一步探索。

化石记录显示生物灭绝事件是有一定周期性的，而且同天体运动有着直接的联系。超新星爆发释放的强烈宇宙射线和陨石撞击产生的巨大破坏力足以使地球上脆弱的生态系统面临一场浩劫。在过去的6亿年里，地球共经历了10次以上的大型陨石撞击事件，其中从2.5亿年前到500万年前之间约有13次。由此，我们可以推算出大的陨石撞击事件发生的周期大概为2,800万年。

从二叠纪末至今，共有8次规模比较大的生物灭绝事件，而每次事件都成为了划分地质时代的分界线。生物灭绝事件的周期大约为2,600～3,200万年，而板块运动（大陆发生裂解、碰撞拼合）的周期约为8,000～9,000万年。超大型的生物灭绝事件大概每2.25～2.75亿年会发生一次，这个周期正是太阳系围绕银河系中心运转一周所需要的时间。

相对于漫长的地质历史来说，短暂的具有周期性的生物灭绝事件只能算是一幕幕的插曲，其余的时间都是处于一个相对稳定的状态。我们所认识到的生物灭绝事件都是从化石记录中得出的推断，而由于化石本身的某种局限性，我们有可能会从中得出错误的结论。例如，当某个地质历史时期经历了短时间的生物爆发之后，如果伴随化石数量的急剧减少，很可能会被认为曾经发生了一个实际上并不存在的生物灭绝事件。

其实，生物消亡事件并不仅仅存在于生物大灭绝期间，在大灭绝事件前后的很长时间内都有生物灭绝事件发生，仅仅是规模很小而已，我们称之为背景灭绝事件（background extinction）。即使在非常适宜生存的自然环境之下也会有生物消亡，这是一种自然规律。就像人会生病一样，生物在演化过

图28
曾经的地球霸主——恐龙——在白垩纪末遭遇了灭顶之灾，对这次生物大灭绝的起因科学界存在多种解释

程中也会有一些缺陷出现，从而造成它们的灭绝。具有基因缺陷的生物会很快被其他物种所替代，这是在"和平年代"也常发生的事情。但在生物大灭绝事件中消失的生物并不是全部有基因缺陷的，或者说他们并非由于适应环境能力弱而被淘汰。所以，我们不能把恐龙的灭绝的原因简单地归结为它们自身存在着某种缺陷。

我们在前面已经多次提到，并非所有的生物死后都能成为化石被保存下来。所以，从化石记录中得到的信息并不明确，这将有可能使我们无法确定大灭绝事件同背景灭绝之间的界线。化石的形成需要特定的地质条件，比如快速埋藏，较强的还原性环境等。那些具有硬质外壳或骨骼的动物比软体动物更容易形成化石，这样一来，化石记录告诉我们的地质历史未免有些偏颇，需要我们认真、系统地加以分析和研究。

　　大的生物灭绝事件一般只持续数千年，这在以数百万年计的漫长地质历史中简直是转瞬即逝。有的灭绝事件可能会持续长达100万年甚至更长的时间，但是侵蚀作用会将保存有化石的地层剥蚀掉，或者根本就没有发生沉积作用。所以，根据化石记录推断出来的生物灭绝事件持续时间就缩短了。在地质历史中，有过数次的海平面下降事件，造成了沉积速率的减小和化石数量的下降。因此，看似短暂的地质事件实际上可能持续了很长一段时间。

　　在大灭绝事件中幸存下来的生物大肆扩张，成为新世界的主宰，有许多全新的物种在这个时候衍生出来。这些新出现的物种能够更好地适应新的环境，它们一般都具有奇特的外形，看起来很像外来物种。但是由于它们的过度特化，它们将有可能无法适应下一次的环境突变，而成为又一次生物大灭绝的牺牲品。所以，我们在化石中常会发现某些从未出现过的奇特物种，比如卷板纲(图29)。

　　大自然从未停止过对地球上生命的考验，不断有新物种的产生，同时也有很多物种被淘汰。当一个物种比如恐龙，被大自然淘汰以后，它们重回生命舞台的可能性几乎为零。由此可见，生命的演化似乎是一条单行道。虽然各种生物都曾有过它们的繁盛期，但这种辉煌的日子终有一天会过去并且一去不复返。所以，即便将来的地球环境与恐龙盛行的白垩纪的自然环境十分相似，白垩纪的生物仍无可能重生，我们也无法看到恐龙重返地球。

　　在白垩纪末期灭绝的物种（包括恐龙在内）占已知物种总数的70%左

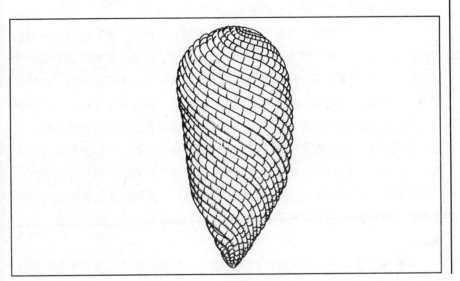

图29
卷板纲，其身体结构特征不同于其他任何存在过的生物物种，只存在了2,000万年，灭绝于5.1亿年前

右，但使这些物种灭亡的恶劣的自然条件并没有对哺乳类动物造成很大影响。恐龙与哺乳类动物共存了1亿年之久，在恐龙灭绝以后，哺乳动物迎来了它们的繁盛期，产生了许多奇特的物种，其中有一些在新生代早期消亡。

许多坚信均变论（又称渐变论）的地质学家开始接受了灾变在地质历史中的重要作用，一些生物大灭绝事件被证实与某些灾难性事件有关，如大型的彗星或者小行星撞击地球。与此相比，海平面升降、捕食环境或者气候的改变所引发的生物灭绝事件则显得平静了许多。生物大灭绝事件自显生宙伊始就已存在，已经成为生命演化史重要的组成部分。

地质年代定年

19世纪的地质学家划分地质年代主要依靠规模不等的生物灭绝事件，如表4所示。但是由于缺少针对岩石本身的定年技术，当时的划分方案都是采用相对定年方法，也就是说我们只能依据岩石中含有的化石来确定某种岩石相对其他岩石更老或是更新，而无从知晓它到底距今有多少年历史。因此，相对定年方法只是依据化石分类将岩层进行排序，它不能告诉我们事件发生的时间，唯一可以确定的就是事件发生的先后顺序。这种状况一直持续到放射性定年技术的出现，这种技术可以让地质学家们计算出岩石的具体年龄，确定地质事件发生的具体时间。但相对定年技术并没有被束之高阁，它所发挥的作用是精确定年技术所无法取代的。相对定年技术和精确定年技术的结合，将在地质年代定年学中发挥更大的作用。

精确定年技术是利用放射性元素来确定岩石年龄的，要对岩石进行精确定年，我们必须首先找到含有放射性元素的矿物，而这些矿物大部分集中在岩浆岩中。在地球表面分布最广的沉积岩中包含了几乎全部的化石，但与岩浆岩比较而言，它们含有放射性元素的矿物比较少并且来源复杂，从而使得对沉积岩的精确定年存在一定困难。但这并不意味着我们无法给出各种沉积岩的准确年龄，在对岩浆岩进行精确定年的前提下，我们可以利用沉积岩上覆或下伏的岩浆岩对其年代进行限定，或者利用沉积岩中穿插的花岗岩柱对其进行限定（花岗岩体较其所穿插的岩体要新）。这样一来，我们就可以利用这些年龄已知的岩浆岩将沉积岩的形成时间限定在一个比较"精确"的范围之内。

放射性定年技术是在放射性元素半衰期已知的前提下，通过测量矿物中

表4　地质年代表

代	纪	世	时间（百万年）	物种	地质特征
新生代	第四纪	全新世	0.01		
		更新世	2	人类	冰河期
		上新世	11	乳齿象	卡斯卡德
	晚第三纪				
		中新世	26	剑齿虎	阿尔卑斯山
	第三纪	渐新世	37		
	早第三纪				
		始新世	54	鲸类	
		古新世	65	马、短吻鳄	落基山
中生代	白垩纪		135		
				鸟类	内华达山
	侏罗纪		210	哺乳动物	大西洋
				恐龙	
	三叠纪		250		
古生代	二叠纪		280	爬行类	阿巴拉契亚山
	宾夕法尼亚纪		310	树木	冰河期
	石炭纪				
	密西西比纪		345	两栖动物、昆虫	联合古陆
	泥盆纪		400	鲨鱼	
	志留纪		435	陆生植物	劳伦古陆
	奥陶纪		500	鱼类	
	寒武纪		570	海生植物、贝壳类动物	冈瓦纳古陆
			700	无脊椎动物	
元古代			2500	后生动物	
			3500	早期生命	
太古代			4000		岩石形成
			4600		行星撞击

41

放射性母体同位素与子体同位素的含量来计算岩石年龄的。半衰期是指半数的放射性母体同位素衰变成稳定子体同位素所需要的时间。例如，如果一种放射性元素的半衰期是100万年，那么，一磅重这样的放射性元素在100万年后，将只剩半磅的母体同位素和半磅的子体同位素。我们通过对岩石样本进行化学和放射性分析，可以得知岩石中放射性元素母子体的比值。假设某种放射性元素的半衰期为100万年，而在岩石样本中发现了等量的母子体同位素，那么可以认定这块岩石的年龄为100万年。再过同样的时间，岩石中的母体同位素将只有原来的1/4，400万年后，母体同位素将只有原来的1/16。一般来说，在10个半衰期以内的时间是可以测定的，超过这个时间，母体同位素所占的比例将不足原来的千分之一，如此微量的母体同位素是很难用来得出准确的岩石年龄的。

元素的放射性衰变速率是恒定不变的，不因化学反应、温度、压力或其他任何原因而改变。在黑云母中，有很多因物质成分或颜色的不同而形成的晕圈，只有在显微镜下才可以看到。这种晕圈由众多同心圆环组成，它们围绕放射性物质而生长。这些圆环是由放射性物质所释放出的粒子对周围的黑云母造成破坏而形成的，由于这种粒子的破坏力随着其所经过的距离加大而逐渐减小，所以会造成晕圈效应。通过对这些晕圈的观察研究发现，它们的半径与现今的放射粒子的能量是成一定比例的，也就是说，这些放射性粒子的能量只随着距离的增大而衰减，而不因时间而改变。所以说，放射性衰变速率是恒定不变的。

放射性定年技术的精确性受多重因素影响。其一，能否对岩石样本中的放射性母子体元素含量进行准确测定；其二，岩石在沉积成岩后放射性母子体是否处于一种封闭状态，只有处于封闭状态的母子体系才能够用来定年。所以，对岩石进行放射性定年虽然可行，但困难重重。首先，放射性物质大约只占岩石体积的百万分之一，对其含量进行精确测定需要繁杂的程序和精密的仪器；其次，岩石样品中的子体同位素也许并不完全是由母体同位素衰变后形成的，也就是说，岩石后期受到了外来放射性物质的混染或者这些子体同位素在衰变发生前就已存在；另外，多数的放射性元素经过一次衰变后并不直接形成稳定的子体，而是形成另一种放射性子体，它们经过多次衰变以后，才能形成对测年有用的稳定子体同位素。

经研究表明，自然界中只有很少一部分的放射性同位素可以用来进行定年，其他的放射性同位素要么是数量太少，没有研究价值，要么是半衰期太长或太短。下面将简单介绍几种常见的用来测年的放射性元素。铷87的半衰期为4,700万年,其子体同位素为锶87,可以用来测定年龄超过2亿年的岩石。铀238的半衰期为45亿年,铀235的半衰期为7亿年,它们衰变后分别形成铅206和铅207,它们可以测定年龄超过1亿年的岩石。铀同位素是放射性定年中很重要的元素,经常用来测定岩浆岩和变质岩的年龄。因为铀238和铀235经常共生在一起,同时对其母子体含量进行测定,可以增加定年的准确性。

钾40通常用来测定年龄较小的岩石,其半衰期为13亿年。钾40的稳定子体同位素为氩40,钾氩法是一种相对较新的测年方法,可以用来测定3万年或者更老的岩石的年龄。由于岩石样本中氩40的含量及其稀少,对其含量进行准确测量已属不易,所以年龄小于3万年的岩石样品很难用钾氩法得出准确的年龄。用钾氩法对岩浆岩和变质岩进行定年所用到的矿物主要有角闪石、霞石、黑云母和白云母。

用放射性定年方法测定沉积岩的年龄存在一些困难,因为沉积岩的物质来源比较复杂,且都经过风化作用。但幸运的是,沉积岩中常可见到一种云母状矿物——海绿石,这种矿物形成于海洋之中,其中同时含有钾40和铷87。通过对海绿石进行放射性定年研究,我们就可以知道赋存有海绿石的岩石的年龄了。不过需要注意的是,当岩石发生变质作用以后,即使变质程度非常之低,也会引起岩石内放射性母子体同位素的迁移,此时得出的岩石年龄是变质年龄,而不是岩石的形成年龄。为了确保岩石年龄测定的精确性,有时需要对岩石样品进行全岩分析——对整块岩石而不是单个矿物进行分析。除了放射性定年方法以外,我们还可以利用光模拟热释光定年方法(optically stimulated thermoluminescence)对沉积岩进行定年,这种方法可以计算出沉积物颗粒最后一次暴露在阳光之下的时间,对于遗迹化石的年龄测定尤其有效。

碳14(又称放射性碳)定年法常用来测定比较年轻的地质事件,它们的半衰期为5,730年。碳14形成于大气层的上部,由大气受宇宙射线轰击形成,同时释放出中子。这些中子撞击氮原子后,从其原子核中释放出质子,从而使其变成具有放射性的碳14。这一过程循环往复,从未停止。碳14在化学反应中的性质同碳12相同,它们都能同氧气反应生成二氧化碳。在全球大气循环过程中,这些二氧化碳又直接或间接地进入生物体内(图30)。可以说,所有的生物体内都含有少量的碳14。当生物体存活期间,它们体内的碳14和碳12的比例是不变的,但是一旦生物体死亡之后,由于新陈代谢作用的停止,它们不再从空气中吸入新的碳14和碳12。这时,碳14由于发生衰变开

图30
碳14循环示意图
宇宙射线激发出大气
层中的中子，中子撞
击碳原子后形成放
射性碳14，这些碳14
粒子可以转化成二氧
化碳被动植物体所吸
收，动植物体死后碳
14开始放射性衰变

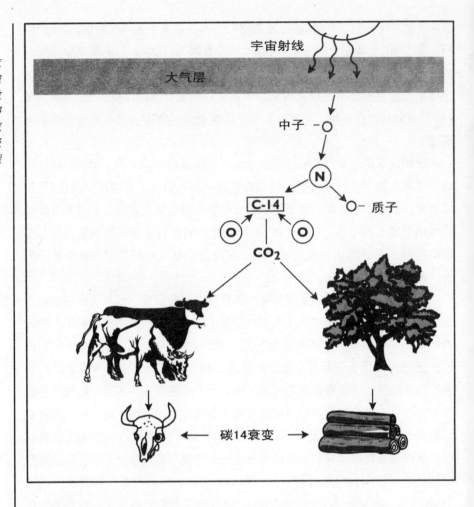

始逐渐减少，衰变产物氮14开始增多。

碳14定年法是利用化学分析，通过测量样品中碳14和碳12的比例来确定样品年龄的（图31）。如今的科学技术日益精湛，碳14定年法的定年下限已经可以达到10万年。古生物学家、人类学家、考古学家以及历史学家都会用到这一工具确定他们的研究对象的年龄，碳14定年法在地质定年中正发挥着越来越重要的作用。

地质年代表

地质学家们通过观察地层中的古生物和系统研究地表及地下的岩石所经历的各种地质作用来确定各种地质事件的先后顺序。含有化石的岩层在水平方位上可以追索很长的距离，这种岩层与上下层位的岩石差别很大，比较容易辨认，可以作为标志层。这种标志层可以用来确定地层时代，在地质填图中能发挥很重要的作用。

地质历史中的生命形态是从低级向高级逐渐演变的，所以新地层中的化石比老地层中的化石要更高级，这在地质上称为化石层序律。在某些地质历史阶段，一些动植物会在内外因素共同作用下形成大量的化石，这些化石数

图31
科学家正在用放射性碳定年法测定岩石样品的年龄 （美国地质调查局提供）

量丰富，延续时间短，并且在各个主要大陆上都有分布。这些标志性化石被地质学家用来划分地质时代，是一种直接而有效的方法。

在对比不同地方在相同时期形成的岩层时，由于沉积环境不尽相同，各地的岩层存在着各种差异，所以会给岩层时代的确定带来一定干扰。这时，化石的作用显得至关重要，如果两地的岩层在化石方面存在一致性（化石是原地沉积），那么就可以毫无疑问地将其定为同时代的岩层。不过，由于含有化石的岩层在横向上的连续性比较差，给岩层追索带来了一定困难。尽管存在很多困难，化石仍然是地质年代划分的重要工具，利用上文提到的化石层序律，地质学家们已经建立起了一套普适的地质年代表。

尽管在早期的希腊就有人认识了化石，化石作为一种工具服务于地质学还是18世纪晚期才开始的。在18世纪90年代，一名英国的工程师威廉·史密斯在挖掘大不列颠运河时发现，某个地层中的化石与其上下地层中含有的化石有着很大的差异。他认为在两个地方的岩层如果含有相同的化石，那么这些岩层应该是在相同时期内形成的。这样一来，不同地方的沉积岩层就可以通过化石联系起来，即使是砂岩层和石灰岩层这样岩性差异很大的岩层，如果它们含有相同的原生的化石，那么就可以认为它们是同时期形成的。

通过研究不同地区的岩石和其中的化石，史密斯绘制了一幅英国的地质图，涵盖了各个地质时期的岩层分布特征。史密斯还革命性地提出了生物层序律（faunal succession），他认为通过研究化石特征可以确定其所赋存的岩层的新老关系。这一定律的提出，为地质年代表的确立奠定了基础，同时打开了现代地质科学研究的大门。

法国地质学家乔治·古维尔和亚历山大·布朗格尼亚特通过研究巴黎郊区的地层又产生了新的认识，他们认为上覆地层中的化石要比下伏地层中的化石具有更高级的生命形态。化石在地层中的分布不是杂乱无章的，它们遵循着一定的规则，那就是，年代越新，生命形态就越高级。于是，我们可以通过辨识地层中化石的分类特征来划定地质时代的先后顺序。

在前人的研究基础上，英国地质学家查尔斯·莱伊尔于1830年提出地质学界的基础理论之一——均变论。该理论认为，岩石的形成与后期改造及各种地质事件的发生是以一种均衡的速度有条不紊地进行的，这也是将今论古思想的出发点和主要依据。换句话说，造物主用着相同的手法，塑造着今天和过去的地球，我们可以用今天地球上正在发生的地质变化作为参照，去研究地质历史时期曾发生过的各种地质作用。事实上，早在1785年，苏格兰地质学家詹姆斯·霍顿——莱伊尔的导师就提出了这一思想的萌芽，后来由莱伊尔加以完善并最终得到地质学界的认可，詹姆斯·霍顿也因此被称为"地质学之父"。

地球历史被划分成若干个地质时代，每个时代都有着特征性的化石群，这些时代的名称均来源于最具特征性的地质露头点（图32）。例如：侏罗纪得名于瑞士的侏罗山，那里的石灰岩中含有的化石非常丰富，代表了那个时代的特征。

我们将地质时代逐级划分为宙、代、纪、世、期，与之对应的地层单位为宇、界、系、统、组。举例来说，侏罗纪形成的地层就称之为侏罗系。组（formation）这个地层单位代表了某个时期形成的具有区别于其他时期地层的显著特征的岩石组合，习惯上以发现地命名。组还可以进一步划分为段（member），段由最小的地层单位层组成，如砂岩层、页岩层和石灰岩层等。

典型剖面具有完整的地层，几乎代表了某个时代全部的沉积特征，这样的剖面在世界上很少见，是识别其他地方同时代地层的依据。典型剖面应出露良好，能够看到顶底界面，其命名依据通常来自于发现地。例如，以恐龙

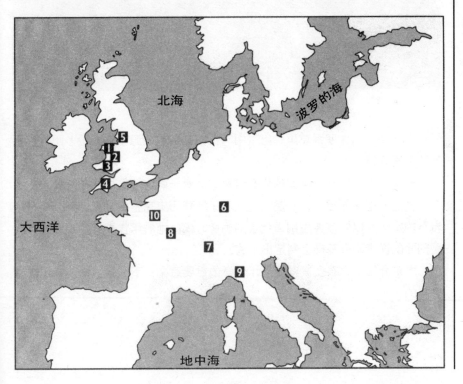

图32
地质年代命名地位置图：1.寒武纪；2.奥陶纪；3.志留纪；4.泥盆纪；5.石炭纪；6.三叠纪；7.侏罗纪；8.白垩纪；9.第三纪；10.第四纪

图33
阿拉梅达·帕克韦北部莫里森组褐色砂岩中发现的恐龙骨化石碎片,位于科罗拉多州杰斐逊县雷德罗克斯公园东部（美国地质调查局提供,J.R.斯达希拍摄）

骨化石而闻名的侏罗系莫里森组（图33）,其名称来源于科罗拉多州丹佛城外的莫里森镇。

典型剖面一般含有丰富的化石信息,这对于确定地层层序非常有用。各个时代的典型剖面组合在一起,就代表了地球历史完整的沉积序列。通过对岩石的定年可以知道典型剖面代表的确切时代,地质年代表就是在对各个典型剖面的详细研究基础上制定出来的。

本章介绍了化石及其对地质年代学的重要意义,下一章我们将介绍丰富多样的岩石。

3

岩石
岩石是如何形成的

通过前面两章的介绍，相信你对岩层中的矿物和化石都有了一些了解。在接下来的一章里，我们将讨论岩石是如何形成的。随后，我们将继续讨论矿物和化石是如何被埋藏、成型和固结成岩的。

岩石是固态地球表层的主要组成物质，其硬度变化也非常大，最硬的物质是金刚石；冰也是一种矿物，硬度最小。一般来讲，岩石多由硅酸盐物质组成，这种物质由氧、硅、铝、铁、钙、钠、镁及钾等化学元素组成，这些元素组成了90％以上的地壳物质。氧元素是地壳中丰度最高的元素，也是岩石中最主要的元素，其排列方式的多样性在某种程度上造成了矿物种类的多样性。在超过2,000种已知矿物中，只有约20种是常见矿物，其中半数的常见矿物组成了岩石总量的90%以上。

地壳是由岩浆岩、沉积岩和变质岩三种岩石构成的（表5）。岩浆岩是由地下的岩浆侵入地壳或喷出地表后冷凝所形成的，前者可形成花岗岩而后者则形成火成岩。沉积岩主要由火山岩、变质岩或其他沉积岩经风化后形成的碎屑物质或颗粒组成，也可在海洋环境中由生物作用或化学作用直接形成。变质岩是由火山岩或沉积岩在高温、高压的深埋藏环境中经变质作用所形成的一种岩石类型。上述三种岩石类型在岩石结构、矿物组成和外部形态上均有所变化，在野外较易识别。

岩浆岩

岩浆岩是地球上最早出现的岩石类型。岩浆岩主要由地幔物质大规模上升到地表或近地表所形成，另外在海沟处俯冲至地幔进行回炉的洋壳所形成的岩浆也可以形成沿海岸线分布的火山链，还有一些岩浆岩由陆壳熔融所形成。由前两种方式形成的岩浆岩在形成大陆的同时也使大陆的体积不断增长，而第三种方式形成的岩浆岩则不会增加大陆的体积。

组成岩浆岩的物质主要是由硅、氧及少量金属元素所形成的各类硅酸盐矿物。在这些硅酸盐矿物中，各种元素并不是以固定比结合，因而它不是一种简单的化合物。通常只有两种或两种以上的这类化合物出现在固溶体中。在这种情况下，成岩组分的混合比可在一个较大范围内变化。大部分岩浆岩是两种或两种以上矿物的集合体，例如花岗岩几乎全部由石英及长石组成，而其他矿物只占很小的一部分。花岗岩形成于地壳深处，其晶体生长受控于岩浆冷却速率及生长空间的大小。

岩浆岩因矿物组成不同而变化较大。常见的副矿物包括云母、橄榄石、角闪石和辉石等。镁铁矿物（如角闪石、辉石）含量低的岩浆岩密度较小，颜色较浅，此类岩石硅含量一般超过60%，因此它们被称为硅质岩或酸性岩。铁镁矿物含量高而硅含量低于50%的岩浆岩密度较大且颜色较深，它们被称为基性岩或铁镁质岩。对于组成大陆及洋壳的岩石，我们还可以用其他的词来描述，如硅铝层（指主要由硅、铝组成的陆壳）和硅镁层（指主要由硅、镁组成的洋壳）。

岩浆岩的两种主要类型是侵入岩和喷出岩。侵入岩是由岩浆体由地幔侵

表5 岩石类型

分类		特征	形成环境
岩浆岩	侵入岩	花岗岩：主要组分为石英、钾长石、云母、辉石、角闪石	深成侵入体，结晶颗粒粗大
		正长岩：主要组分为钾长石、云母、辉石、角闪石	深成侵入体，结晶颗粒粗大
		二长岩：主要组分为斜长石、钾长石、云母、辉石、角闪石	深成侵入体，结晶颗粒粗大
		闪长岩：主要组分为斜长石、石英、云母、辉石、角闪石	深成侵入体，结晶颗粒粗大
		辉长岩：等量的斜长石及云母，辉石、角闪石	中等深度，中−粗晶颗粒
		橄榄岩：主要为橄榄石、辉石、角闪石及少量斜长石	非常深的环境，细−中晶颗粒
	喷出岩	流纹岩：主要为石英和钾长石及云母、辉石、角闪石	火山通道
		安山岩：主要为斜长石和石英及云母、辉石、角闪石	火山通道
		玄武岩：等量的斜长石及云母，辉石、角闪石	火山通道
变质岩	层状变质岩	片麻岩：石英、长石、云母、角闪石	深层，结晶颗粒粗大
		片岩：主要为云母及板状矿物，少量石英及长石	深层，结晶颗粒粗大
		千枚岩：介于片麻岩与片岩之间的一种富含云母的岩石	中等深度，中−粗晶颗粒
		板岩：长石，石英，云母	中等深度
	块状变质岩	角页岩：变质黏土质矿物	高温岩浆体附近
		大理岩：变质碳酸盐岩	深层
		硅岩：变质砂岩	深层

（续表）

分类		特征	形成环境
沉积岩	碎屑岩	砾岩：磨圆较好的砾级沉积物颗粒	河流，冰川
		角砾岩：磨圆较差的砾级沉积物颗粒	河流，火山
		砂岩：粗晶石英、长石及少量副矿物	河流，海洋
	非碎屑岩	粉砂岩：细粒石英、长石及少量副矿物	河流，湖泊，海洋
		页岩：非常细粒的沉积物，主要为长石	海洋，湖泊
		石灰岩：钙质碳酸盐及少量生物碎屑	海洋，湖泊
		白云岩：钙镁碳酸盐	海洋及埋藏环境
		膏岩：含水硫酸钙	卤水泻湖
		玉髓：硅质	深海或地下水

入地壳所形成，而喷出岩是由岩浆通过裂缝或火山喷发到地表所形成。这两类岩石在化学组成上相同，但结构差别较大。对于喷出岩，岩浆喷出到地表后冷却较快，形成细小的晶体。而侵入岩的冷却时间要长的多，因为岩浆在侵入地壳的过程中形成了很好的"绝缘层"从而有利于保持温度，在这样缓慢的冷却过程中，非常容易形成大的晶体。一般而言，岩浆体越大，岩浆冷却的时间就越长，进而晶体可能长的更大。

岩浆侵入体的规模和形状各异（图34）。其中最大的是岩基，其地表喷出面积大于40平方英里（约102平方千米）。岩基可以形成一些主要的山脉，如绵延长达400英里（约644千米）、宽50英里（约80千米）的加利福尼亚州内华达山脉（图35）。岩基主要由花岗岩组成，这些花岗岩的晶体较大，其主要矿物组分为石英、长石和云母。组成岩基中心花岗岩的晶体通常要比其边部的大，因为中心的冷却速度要远低于边部，因而更易形成大晶体。岩基常含有矿脉集中的成矿带，这些矿脉由富含金属的成矿流体由岩浆

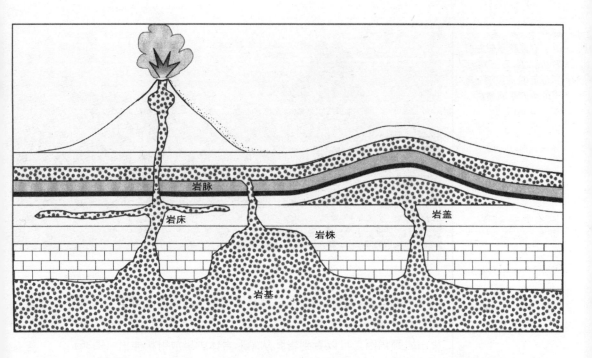

房流到断裂或裂缝中所形成。因而，由这些岩基形成的山脉通常是寻找金、银及其他贵金属矿的有利区带。

形状像岩基而喷出面积小于40平方英里（约102平方千米）的岩浆侵入体，称为岩株。它通常呈圆形或椭圆形，可能是由较大的岩基由深部向上喷发形成。岩株也是由具粗大晶体的花岗岩组成。在出露地表并被风化剥蚀后，岩株可独自成山，常独自矗立于旷野中。

岩脉是一种板状侵入体，长数英里而宽只有几十英尺，由岩浆侵入大的断裂或裂隙中所形成。岩脉通常是由岩基向上生长并切穿岩石构造所形成。

图34
侵入地壳的岩浆体及通过火山喷发到地表的岩浆体的切面图

图35
位于加利福尼亚州因约县境内的内华达山脉（美国地质调查局提供，W.C.曼登霍尔拍摄）

由于构成岩脉的岩石通常要比围岩坚硬，因而岩脉在被抬升到地表并被侵蚀后容易形成很长的山脊。在新墨西哥州西北角长约1,300英尺（约390米）的火山岩颈周围，可以看到岩脉从船形岩体中呈放射状伸出（图36）。

与岩脉一样，岩床也呈板状，但岩床是沿相对较软的层面间隙（如沉积岩的层理面）所形成。当岩浆呈薄片状在岩石的层面间流动时，可使层面间的空间扩大进而容纳更多的岩浆。在与围岩接触面上，岩浆的冷却速度非常快，因而岩床的边部和中部在结构和组分上表现出很大的差异。相对于岩基，岩脉和岩床都是很小的地质体，在形成过程中它们的冷却速度相对快得多，因而形成晶体相对细小的花岗岩。

岩盖是一种特殊的岩床，它可使上覆岩层被拱起形成山脉，如位于犹他州南部的亨利山。当岩浆侵入沉积岩层间时，会使上覆岩层拱起，其拱起高度可达1,000英尺（约300米）、面积可达100平方英里（约260平方千米）。当后期的剥蚀作用切穿侵入体的下覆岩层时，可看到岩盖具有明显的底层构造。

当岩浆充填于火山通道但并未喷发，缓慢冷却下来形成类似于岩脉的岩石时，便形成了火山颈或火山塞。火山颈通常呈一个垂直的圆柱体，其直径有时可达1英里（约1.6千米）。后期的剥蚀作用使部分较软的岩石遭受破坏，只留下抗剥蚀能力强的岩石矗立于围岩之上。北美最著名的火山颈就数位于怀俄明州东北部的魔塔（图37）了。

在岩浆冷却过程中由于分异度和冷却速率的不同会造成矿物组成和结构上的差异，而这些差异正是各种各样的岩浆岩的分类依据。对于铁镁硅酸盐矿物来说，在岩浆冷却过程中形成的第一种矿物是橄榄石，接下来是辉石、角闪石和黑云母，如图38所示。对于铝硅酸盐矿物来说，首先形成的是钙长石和钠长石，它们统称为斜长石。随着岩浆进一步冷却，硅铝层和硅镁层的矿物逐渐转变为钾长石（包括正长石和微斜长石），接下来形成白云母。当岩浆温度降到最低时形成石英，因此石英也是这一过程中最终形成的矿物。花岗岩的结构主要由岩浆的冷却速率控制，冷却速率最低时形成的晶体最大，冷却速率最大时，形成的晶体最小。当岩浆冷却速度极快时，常形成一

图37
位于怀俄明州库克县的魔塔　（美国地质调查局提供）

图38
随温度下降依次析出
的晶体类型

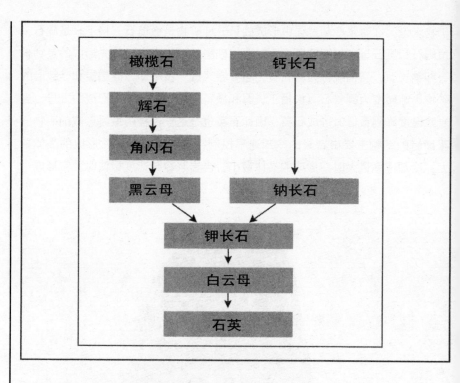

种我们称之为自然玻璃的物质——黑曜岩。

岩浆岩主要有以下几种类型：

A 花岗岩：主要由粗晶石英和钾长石组成

B 正长岩：在结构上与花岗岩相似，但不含或含极少量的石英

C 二长石：此类岩石中，斜长石和钾长石二者总含量与黑色副矿物的含量近乎相等。

D 闪长岩：由二长岩的集合体形成，形成二长岩的矿物以斜长石为主

E 辉长岩：主要由辉石和斜长石组成

F 橄榄岩：主要由辉石和橄榄石组成

G 流纹岩：化学成分与花岗岩相似

H 安山岩：化学组成与闪长岩类似

I 玄武岩：玄武岩的化学成分与辉长岩相似，是岩浆的主要成分

岩浆主要通过地裂缝喷发到地表，也可通过火山喷发到地表（图39）。由于岩浆的物质组成存在差别，从而造成喷发方式的不同，形成的火山岩也多种多样，如表6所示。火山喷出物的化学组成、矿物特征及物理性质变化都很大。几乎所有的火山喷出物都是硅酸岩，这些喷出物主要由氧、硅及铝

表6　火山岩的分类

特征	玄武岩	安山岩	流纹岩
硅质含量	最低，低于50%，基性岩	中等，约60%，	最高，大于65%，酸性岩
暗色矿物含量	最高	中等	最低
特征矿物	长石，辉石，橄榄石，氧化物	长石，角闪石，辉石，云母	长石，石英，云母，闪石
密度	最高	中等	最低
熔点	最高	中等	最低
熔岩表面黏滞力	最高	中等	最低
熔岩组分	最高	中等	最低
火山碎屑	最低	中等	最高

组成，同时还含有少量钙、镁、钠和钾。其中玄武岩的硅含量相对较低，而钙、镁和铁含量相对较高。含有大量硅、钠、钾及少量镁铁的岩浆常形成以石英为主的流纹岩和以长石为主的安山岩。

火山灰是通过火山喷发释放到大气中的固体颗粒。火山灰类型很多，小到尘土级别、大到块状。富含挥发分（主要由水和溶解气组成，可增加岩浆的流动性）的岩浆沿运移通道上升，在接近地表时由于压力的降低，溶解气被大量释放出来，从而造成强烈的火山喷发。当上述过程发生于火山口时，大量的泡沫物质喷发出来并沿火山向下流动，此时便形成浮石。浮石内部含有气泡，因而可以浮于水上，故得名。历史上有名的1883年印度尼西亚喀拉喀托火山喷发就形成了大量的浮石，这些浮石进入海洋造成了航运阻塞。

如果在火山道深处发生膨胀，这些像泡沫一样的物质便会引发"爆炸"，使其周围的岩浆碎成小块。这些岩浆碎块像是从散弹枪中射出的子弹，被高高地喷射到火山上方的高空，在飞行过程中逐渐冷却、固结后降落到地面，形成我们称之为火山弹的岩石。岩浆碎块在飞行过程中可形成各种形状，这主要取决于这些碎块在飞行中旋转的速度，快速的旋转可使它们发出声响。如坚果般大小的岩浆弹被称为火山砾，这些火山砾常在火山周围形成砾石沉积。

火山喷发有时还会形成大面积的火山灰云，这些由火山灰组成的雾团或火山碎屑物可以像溪水一样沿地面流动，有时它们可以沿河谷的流动速度可达每小时100英里（约161千米）。这种火山灰云对地面的生物具有毁灭性的破坏作用，1902年印度尼西亚马提尼克岛的培雷火山喷发，在短短几分钟内就导致了30,000人丧生。火山灰冷却并固结后形成的沉积岩称为火山凝灰岩，它的覆盖面积可达1,000平方英里（约2,600平方千米）甚至更广。

凝灰岩是由浮石、火山砾及火山灰中的玻璃质碎片固结所形成，可呈层状结构。熔结凝灰岩是由火山云及火山灰中固结的物质沉积所形成。世界上有许多大规模的熔结凝灰岩层，其中一些位于南美安第斯山的高原地区。

几乎所有喷发的火山都会产生火山灰。即使相对平稳的喷发，也会形成一定量的火山灰，这些火山灰只分布于火山口附近很小的范围内。如果海水、湖水或其他水体进入岩浆室，会立即形成蒸气，这些蒸气沿一些通道强烈喷发，喷发过程可带出少量的岩浆。以这种方式形成的火山灰，其物质组分来源于通道的围岩或火山口的破碎物。

熔岩是熔融岩浆的一种，它在流动过程中不会破裂成碎片，而是整体进入火山通道及火山口的裂缝并流出地表。与形成火山灰的岩浆相比，形成熔岩的岩浆黏滞性更小，液态组分含量较高。这使此类岩浆更易挥发，其中的气体更易逃逸，同时其喷发也更安静、平稳。熔岩主要由硅含量在50%左右的玄武岩组成，流动平缓，形成的岩石常呈黑色。熔岩常以两种方式喷出，形成的熔岩分别称为绳状熔岩和渣熔岩。

　　玄武质熔岩在流动的过程中，表面逐渐冷却、凝固形成一层薄的塑性表层，其内部液态熔岩仍继续流动，从而使塑性表面形成绳状或波状构造，此即绳状熔岩（图40）。当熔岩逐渐固结下来，其表面的绳状或波状构造便被保存下来。当黏滞性较强的深层岩熔携带易碎的块状岩体流动

图40
夏威夷基拉韦厄火山喷发形成的绳状熔岩（美国地质调查局提供，D.A.斯旺森拍摄）

时，块状岩体容易破碎成粗糙、参差不齐的小块，这些小块在推力或牵引力的作用下与熔岩流一起以无序的状态流动，这一过程便会形成渣熔岩，也称为块状熔岩。

液化度较高的熔岩流速很快，特别是在坡度较大的火山口周围。熔岩的流速还取决于黏性及其冷却时间的长短。大部分熔岩以10英里（约16千米）每小时的速度流动，这一速度接近于人徒步行走的速度。还有一些熔岩的流动速度很慢，像蜗牛爬行一般，甚至有一些熔岩会缓慢流动几个月甚至几年直至固结。在某些情况下，流动的玄武质熔岩表层会含有一些泡沫状的物质，这些泡沫状物质冷却后形成表面具大量小洞的黑色岩石，这些黑色岩石称为熔渣。其中一些形状像炉渣及煤渣的熔渣被称为火山渣。

当熔岩的表面冷却并最终固结后，如果其内部熔岩继续流动，此时便可能形成熔岩管或熔岩洞。熔岩管内径可达30英尺（约9米）或更多，延伸可达数百英尺。熔岩洞在一定的地质条件下可形成溶洞，顶面布满向下生长的钟乳石，而底面则形成向上生长的石笋。在大洋底喷溢的熔岩可快速冷却，形成枕状熔岩。熔岩在冷却的过程中会发生收缩，同时产生裂隙。有时裂缝可以贯穿整个熔岩体，使熔岩体形成六方柱状，或形成类似于加州中东部魔鬼岩柱国家保护区中的玄武岩柱状体（图41）。

图41
位于美国加利福尼亚州梅德拉县的魔鬼岩柱国家公园（美国地质调查局提供，F.E.麦瑟斯拍摄）

沉积岩

　　沉积岩由母岩风化、分解或破碎后形成的物质所组成，母岩可以是岩浆岩、变质岩，也可以是其他沉积岩。沉积岩的两种基本类型是碎屑岩和化学岩。碎屑岩由碎屑或颗粒组成，化学岩由水中沉淀的矿物质组成，主要是钙质及硅质。碎屑岩主要是由母岩在机械作用下破碎形成的碎屑沉积所组成，在后期胶结作用下形成坚硬的岩石。另外，在埋藏环境中，溶于地下水中的矿物质也可能胶结碎屑颗粒从而形成坚硬的岩石。

　　植物和动物的活动、热胀冷缩以及风、水等的作用都可使母岩被风化、破碎从而形成沉积物。风化产物的类型很多，包括小到数毫米的粉砂及大到数十厘米的巨砾。沉积物在风、流水、及冰川等作用下被剥蚀并搬运到小溪、河流中，最后可能汇入海洋。沉积物的磨圆度越差，说明其在搬动过程中所经历的时间就越少。当沉积物磨圆较好时，则意味着它经历了较长时间的搬运过程，或者在快速的水流或风浪作用过程中遭受了强烈的磨损。

　　当沉积物被搬运进入海洋以后，在重力作用下依颗粒大小不同而发生沉积分异，粗颗粒沉积在动荡的高能地带，而细小颗粒沉积于安静的低能地带。在海岸沉积建造或海平面下降的情况下，海岸线会向海一侧移动。在这一过程中，细粒沉积物会被粗粒沉积物覆盖。当海岸线因海平面升高而后退时，粗粒沉积物则逐渐被细粒沉积物所覆盖，在此过程中会形成由砂岩、粉砂岩、页岩所组成的韵律层（图42）。

　　陆源沉积物几乎全部在陆地形成，其中包括以沙丘为特征的风成沙（也称为风成沉积物），以交错层理及波痕为特征的河流沉积，以包含化石或煤层为特征的沼泽或湖相沉积，另外还有冰川沉积。在沙漠中，沙粒以跳跃的方式在沙漠地表运动，如图43所示。沙丘在风的作用下不断向前推移，披荆斩棘，使得沙漠的覆盖面积越来越大。沙漠化对于沙漠周边的地区影响相当大，例如位于非洲大陆萨哈拉沙漠南部的萨赫勒地区就饱受沙漠化之苦。沙漠化已经成为一个世界性难题。在世界上很多地方，大量曾经非常肥沃的农田在人类破坏性的生产活动及自然力双重作用下正在变成荒无人烟的沙漠。

　　碎屑岩的分类标准主要是粒径大小，碎屑岩的颗粒成分主要为石英或玉髓（微晶石英，或称为燧石，也被称为粉状石英）。不管磨圆程度如何，当组成岩石主体的颗粒达到砾级（>2mm）时，这种岩石便被称为砾岩。砾岩一般少见，常由陆地或海洋环境下的泥石流或地震形成。当砾石被搬运至大

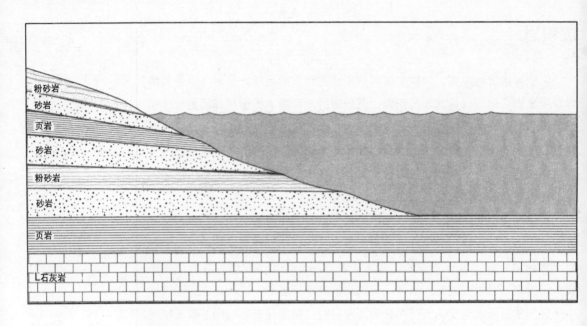

图42
岩层横切面，基岩为石灰岩，其上为砂岩、粉砂岩和页岩的韵律层

陆斜坡时可与海洋碳酸盐岩一起形成碳酸质角砾岩。火山角砾岩，也是一种砾岩，是由火山碎屑物经固结形成。冰川沉积也叫冰碛岩，常由巨砾或砾级沉积物组成。

　　砂岩主要是由海岸地带的砂级大小的石英颗粒组成。事实上，许多砂

图43
砂粒在沙漠地表跳跃前行示意图

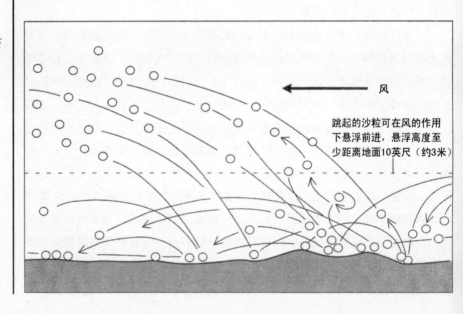

风

跳起的沙粒可在风的作用下悬浮前进，悬浮高度至少距离地面10英尺（约3米）

岩都是海岸沉积物，纯净的石英砂岩可以用来制造玻璃，如美国中部的圣彼德(St. Peter)砂岩。当长石含量接近石英时，称为长石砂岩。有时被称为脏砂岩的杂砂岩，是一种黑色的由粗颗粒组成并由黏土质胶结的砂岩，被认为是由海相浊流所形成。粉砂岩是由细粒石英组成，颗粒大小肉眼可以分辨。页岩或泥岩是由黏土或泥质等最小的颗粒组成，这些颗粒太小以致肉眼难以识别。

长石是地壳中丰度最高的矿物，其风化产物主要形成泥岩及页岩，因而泥岩及页岩成为了最主要的沉积岩。长石的风化产物在后期的搬运过程中被逐渐磨损到黏土级别大小的颗粒。黏土级的颗粒很小，因而沉积过程很慢，导致此类颗粒常出现于远离滨岸带的安静的深水环境。在上覆沉积物的压实下，沉积颗粒间的粒间水被挤出，黏土沉积逐渐转变为岩石。组成颗粒及碎屑的细粒沉积物主要在压实作用下岩化，而粗粒沉积物及粒径相近（即分选程度高）的沉积物主要是在胶结作用下岩化。随着上覆岩层逐渐增厚，在颗粒被挤压至相互紧密接触之前，下部岩层的层间水首先被挤出。尽管受压实程度并不能准确反映年代，但经受过较强的压实作用的岩石往往埋藏深、年代老。

在粒间水的作用下，方解石及硅石等矿物被溶解，溶解于水中的矿物质重新沉积于颗粒之间时便形成胶结物。如果胶结物为铁的氧化物，它会将岩石染成红色、褐色或黄色，这样的颜色常常指示陆源沉积。某些海相沉积物粒径变化较大，分选较差，如果其胶结物为黏土，那么岩石会被染成灰色或灰绿色。

石灰岩等化学岩，是由生物作用或溶解于水中的矿物质经化学沉淀所形成。雨水中的碳酸主要来自于空气中的二氧化碳与水的反应，因而其含量很低，只接近于软饮料。尽管含量很低，雨水中的碳酸在地表岩石中的方解石、硅石的溶解中以及生物碳酸岩的形成过程中都起着非常重要的作用。

碳酸盐可以由化学作用直接形成，也可以由生物作用形成，某些海洋生物的骨骼部分就是由方解石组成的。当这些生物死后，其遗体被埋藏，当这类遗体达到一定量时便形成石灰岩（图44）。石灰岩是一种最常见的化学岩，它主要由生物活动所形成。这一结论的证据主要来自于石灰岩层中保存的大量的海相生物化石。

如果石灰岩全部由化石（或其碎片）组成，那么此类石灰岩便称为介壳灰岩。一些灰岩由海水在化学作用下直接形成，少量灰岩是由卤水发生

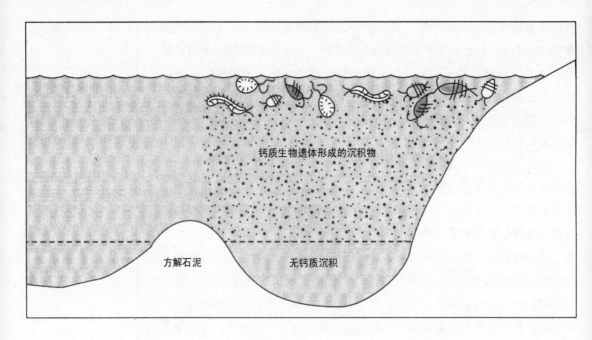

钙质生物遗体形成的沉积物

方解石泥　　　　　　　无钙质沉积

图44
海相生物遗体在海底被埋藏并最终形成碳酸岩沉积

沉积形成。大部分石灰岩形成于海洋之中，少量薄层石灰岩形成于湖泊或沼泽环境。由石灰岩构成的地层主要呈浅灰色或浅褐色（图45）。石灰岩中保存的化石多完整，有时为碎片，这主要取决于沉积环境是静水环境还是动荡环境。

　　白垩石是一种质软、富孔隙的碳酸盐岩，其英语名称"chalk"还有粉笔的意思（粉笔的主要成分是硫酸钙）。白垩纪地层中含有厚层白垩沉积，英格兰多塞特以其险峻的白垩崖而闻名于世，由于岩性软且海浪频繁，此处的白垩风化现象非常严重。

　　白云岩是一种与石灰岩非常相似的岩石，它是由石灰岩中的镁离子部分交代钙离子所形成。这一交代过程会使岩石产生大量的孔隙，还会破坏原岩中所包含的化石。在古代地层中含有大量白云岩，其中意大利北部的阿尔卑斯山白云岩就是一个很好的例子，但在现代沉积中，却很少发现白云岩。科学家们推测白云岩是由嗜硫细菌的排泄物所形成，因为这种细菌在古代曾经非常繁盛。

　　碳酸盐岩主要形成于深度不超过100英尺（约30米）的浅海地带，主要为潮间带，这一地带的海洋生物非常繁盛。主要形成于浅海地带的珊瑚礁存在大量的生物残骸，因为在浅水环境可以进行光合作用，使得这里的动植物非常繁盛。许多古代碳酸岩礁是由富含生物化石的细粒碳酸盐岩组成。

多数的碳酸盐岩形成时为细砂级或泥晶级，粉砂级的碎屑常由无脊椎或介壳类生物的钙质碎片组成，这些碎屑进一步破碎后便形成碳酸岩泥，是最常见的碳酸盐岩组分，同时也是构成泥晶胶结物的主要物质。在特定条件下，碳酸盐岩泥会被溶解进入海水中，然后又在其他地方沉淀，最后经岩化作用形成石灰岩。

当钙质沉积物不断沉积直至形成厚层沉积时，其下部沉积物在高温高压下被岩化形成碳酸盐岩，这种岩石主要由石灰岩及白云岩组成。如果细粒钙质沉积物并未被强烈岩化，则可能形成较软的富含孔隙的白垩。石灰岩在形成后，部分方解石晶体还会遭受溶解及重结晶作用，在这一过程中会形成次生加大构造。

深海沉积环境也可形成碳酸盐岩，其形成的最大深度取决于钙质碳酸盐

图45
智利阿塔卡马省境内强烈褶皱的石灰岩层（美国地质调查局提供，K.赛格斯多姆拍摄）

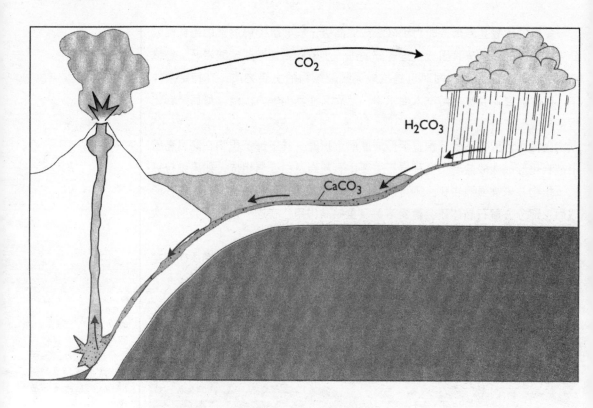

CO_2

H_2CO_3

$CaCO_3$

图46
碳循环示意图二氧化碳转化为碳酸氢盐被雨水带到海洋之中，由海洋生物将其转变成碳酸盐沉积物。碳酸盐沉积物在海沟处被俯冲的洋壳带至地球深部并变成岩浆，岩浆中的二氧化碳在火山喷发过程中重新进入大气层

岩补偿带的深度，通常大于2英里（约3.2千米）。在热带，海水中的二氧化碳会被释放到大气中，参与到全球的碳循环中去，如图46所示。海水中的硅质主要来自于火山活动区域的易溶硅质碎屑、海底火山喷发物及陆源风化物。一些生物，如硅藻（图47），直接从海水中吸取硅来建造它们的外壳或骨骼。含硅生物的遗体在海底大量沉积便会形成硅质土壤，这种土也被称为硅藻土。这些生物在过去6亿年中非常繁盛，形成了如今遍布全球的巨厚沉积物。硅藻土石化后便形成玉髓，玉髓也可由海水直接沉淀形成。玉髓可以组成各种蛋白石、玛瑙、碧玉和燧石，其中蛋白石可以重结晶形成燧石。

　　蒸发岩沉积形成于滨岸区蒸发强烈的干旱环境，该环境中有大量的卤水泻湖，这些泻湖不断补充海水并不断蒸发，往复循环便形成蒸发岩。蒸发岩沉积常形成于赤道附近南北纬30°之间的炎热地带。现代沉积岩中很少有蒸发岩，因为现今的气候比古代要冷。北极地区也有一定的蒸发岩，这说明如今极其寒冷的北极地区在某个地质历史时期曾经非常接近于赤道地区，远比现在热。蒸发岩形成的高峰期距今约2.3亿年，那时泛大陆开始解体。年龄超过8亿年的蒸发岩相当少，这可能是因为更老的蒸发岩早已被溶解进入海洋。

　　蒸发岩的形成主要经历以下几个步骤:海水在蒸发过程中,首先沉淀出的是方解石,紧随其后的是白云石。当2/3的海水蒸发后,开始形成石膏。当9/10的海水蒸发时,开始沉淀最常见的岩盐,即石盐。厚层的岩盐也可由闭塞深海盆地的海水直接沉积形成,典型的例子就是地中海和红海中的岩盐。

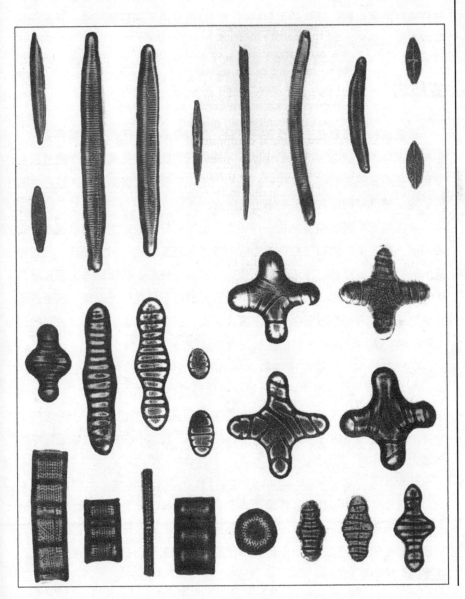

图47
晚中生代海相硅藻,样品采自美国内布拉斯加州切里县基尔戈地区（美国地质调查局提供,G.W.安德鲁斯拍摄）

由含水硫酸钙形成的石膏是一种常见的沉积岩，形成于蒸发作用强烈的内陆海或局限海。像其他北美内陆地区一样，俄克拉荷马州在中生代也有过海水侵入的历史，该地区以其石膏层而著称，丰富的石膏资源被广泛开采，当地的石膏产业也被带动了起来。

煤这一重要的化石能源尽管并非由碎屑沉积或化学沉积所形成，但仍被看作是一种沉积岩。煤是由生长于沼泽地区繁盛的植物在埋藏环境中经压实作用所形成。在煤层与细粒沉积岩层之间，经常可以发现已经被碳化的植物枝杆或叶的残余物。黑色的页岩(碳化页岩)也是由沼泽环境形成，其层间可保存少量植物的遗迹。

变质岩

岩浆岩和沉积岩在进入地壳深部后，会经受高温高压而发生某种变化，但基本保持固体状态，这种变质作用会使岩石的结构构造或者化学成分发生变化，变质后的岩石称为变质岩。矿物间的化学反应会使晶形变大或产生其他矿物，使得识别原岩类型变得相当困难。

片理是变质岩石中常见的一种构造，由平行分布的矿物紧密叠置在一起所形成。高压使矿物颗粒在形成过程中被挤压甚至破碎，形成片理。片理发育的矿物通常被拉长、压扁并沿层面或条带平行分布，晶体形态为薄片状的矿物最容易形成片理。富含铁镁矿物和云母的岩石片理最为发育，因为这两种矿物通常只沿一个方向生长，呈薄片状或针状体。而富含石英或长石的岩石则不然，因为这两种矿物的生长没有方向性。

变质过程中，矿物在重结晶作用的影响下形成新的构造。重结晶作用是一个晶体增大的过程，在此过程中晶体可能向不同的方向生长。晶体的生长过程是极其缓慢的，由原子一层层叠加而成（详见第7章关于晶体的部分）。变质过程中的化学变化会产生新的矿物，岩浆中的水和气体还可以起到催化剂的作用。

尽管许多变质矿物经历了强烈的变质作用，但其组成物质仍与原岩相似。高温是进行重结晶的最重要的条件，通常只有在深埋藏环境才会满足强烈变质作用所需的高温、高压条件。但是在各类地质作用活跃的浅埋藏环境中也会发生形式多样的变质作用，那里的地温梯度大，即随着深度的变化，温度的变化会更加明显。

　　在变质过程中，上覆岩石产生的高温、高压使岩石像塑性体一样弯曲、伸展。巨大的压力会使岩石变形，并导致砾石及化石被压扁或拉长。一般情况下，强烈的变质作用会对岩石中的化石产生破坏性的影响，所以很难在变质岩中发现具有研究价值的化石。

　　几乎所有类型的岩石都可能被变质作用改造而成为变质岩，因而变质岩类型很多，但其基本类型不外乎两种：其一是具有层状或条带状构造的层状变质岩，另一类是呈块状的块状变质岩。造山作用可以产生强大的作用力使地表附近岩石褶皱变形或断裂，同时使深部的岩石变质形成层状变质岩。最常见的层状变质岩是片岩和片麻岩。如果岩石经历了长期持续的变质作用，变质岩石的类型也会发生变化。例如板岩可以转变为片岩，片岩可转变为片麻岩。

　　片岩是一种强烈片理化的结晶岩石，由板岩在高压下变质形成，颗粒粗大。片岩含有大量云母及少量长石，且含有由不同矿物形成的近乎等厚的条带，非常易于沿片理面裂开。片岩的分类依据主要是云母、角闪石、绿泥石及石英等主要矿物的含量。其中，有一种非常著名的片岩，叫做维什努片岩（图48），美国大峡谷西端的底部地层便是由这种片岩所组成。

　　片麻岩是由富含长石的花岗质岩石变质形成，是一种具有粗粒结构的条带状变质岩。浅色的条带富含长石和石英，深色的条带富含黑云母、石榴石或角闪石。片麻岩可由原岩为岩浆岩的花岗岩变质形成，也可由曾遭受过岩浆物质侵入的变质岩形成。片麻岩同片岩一样都是根据它们的主要矿物含量进行分类。

　　介于片岩和片麻岩之间的是千枚岩（图49），千枚岩可解理成薄板状，解理面平滑。千枚岩是由页岩在高压环境下变质形成，其成岩压力高于板岩。由于富含细粒云母，千枚岩呈现一种板岩所不具备的丝绢光泽。

　　页岩在轻度变质作用下可以转变成板岩，板岩由十分细小的晶体组成并且容易沿平滑的层面裂开，被广泛用于家居建材等行业。变质作用可导致黏土颗粒重新排列并发生重结晶，有些板岩呈现黑色，是由于其中的碳经受变质作用形成了石墨。如果富铁矿物含量高，板岩常呈红色，镁质矿物高则呈绿色。

　　块状变质岩由角页岩组成，此类岩石是在岩浆侵入体周围狭小的空间内经接触变质作用所形成（图50），类似黏土在窑炉中经烧制变成陶瓷的过程。在这种变质作用下形成的岩石常具细小的矿物颗粒，并且硬度较大。强

图48
前寒武纪维什努片岩，亚利桑纳州大峡谷国家公园（美国地质调查局提供，R.M.特纳拍摄）

烈的重结晶作用可使块状变质岩的原岩结构遭受彻底的破坏，而一些变质程度轻微的块状变质岩可保留大部分原岩结构。

大理岩是由灰岩或白云岩经变质作用形成，其矿物晶体较大并且常可在其抛光面上见到保存极好的化石，与石灰岩区别明显。在高温高压的条件下，灰岩中的细小矿物颗粒经重结晶形成较大的矿物颗粒。在这一过程中，深色的有机质被破坏，使得大理岩几乎呈纯白色，因此深受雕刻家们的喜爱。大理岩中含有的矿物杂质可使其形成色彩斑斓的纹理、条带或其他样式，极具装饰价值。

硅岩是由石英砂岩或硅质胶结的石英颗粒经变质作用所形成，砂糖状光泽，与蜡状光泽的玉髓易于区分。砂岩的孔隙在变质过程中被压实、重结晶及硅质胶结等作用破坏，所以硅岩极其坚硬。硅岩耐风化能力强，常形成与周围地貌高差明显的山体。

在地表或近地表环境，温度及压力都较低，因而难以发生重结晶作用。但这里的构造作用强烈，岩石也可在剪切、挤压或者拉张作用下发生变质作

图49
千枚岩中的冲断层，位于巴西米纳斯·吉拉斯州皮里斯地区东北部的里贝若德马塔（美国地质调查局提供，P.W.古尔德拍摄）

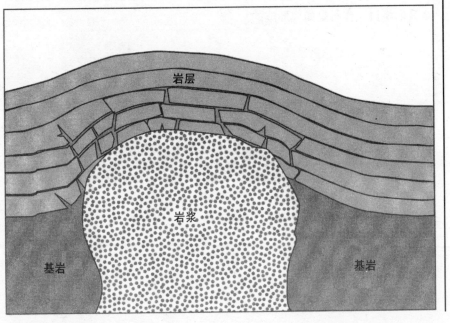

图50
岩浆上侵形成的接触变质带

岩层

岩浆

基岩　　　　　　　　基岩

图51
陨石撞击坑示意图

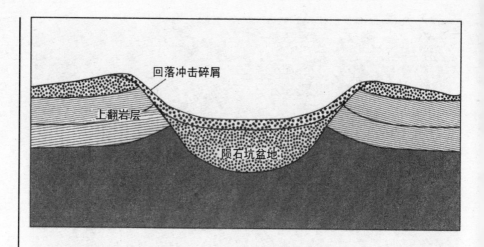

回落冲击碎屑

上翻岩层

陨石坑盆地

用。断层滑动时，会在短时间内在断块的接触处产生极大的压力及磨擦热，在这种条件下，岩石可能会发生变质作用形成类似片岩的变质岩。

　　陨石撞击也可形成变质岩，在陨石坑周围呈环带状分布（图51）。瞬间的撞击产生的高温高压可使岩石的组分及晶体结构发生变化，称为冲击变质作用。在世界各地发现有大量的形成于6,500万年前的冲击变质作用形成的变质岩，那正是恐龙大规模灭绝的时候，所以科学家们推断恐龙的灭绝与陨石撞击地球有很大的关系。

　　通过本章的学习，相信你已经对各类岩石的特征及成因有所了解。下一章我们将讨论化石是如何形成的。

4

化石

古生物的遗体

地球表面的大部分区域都覆盖着薄薄的一层沉积物，其中蕴藏了丰富的化石，为我们研究古生物提供了宝贵信息。化石的形成需要特殊的地质环境，如构造活动弱、埋藏迅速、生物数量丰富等。化石可以分为陆相化石和海相化石，生命起源于海洋，而且海洋中拥有数量最为丰富的物种和良好的沉积环境，所以海相化石数量远远大于陆相化石。

化石主要是由那些有着坚硬骨骼的生物所形成，例如贝壳、骨头、牙齿以及树木等，软体生物形成的化石数量相对稀少。由于这种特性，化石很难全面反映古代生物界的面貌，给古生物研究带来了一些困难。

化石的系谱

已灭绝生物的化石分类采用与现存生物分类相一致的分类系统。世界上第一套分类方法是由18世纪瑞典植物学家林奈提出的，当时拉丁文是科学界的通用语言，所以物种均以拉丁文命名。

林奈认为某些生物之间具有相对较强的相似性，它们在进化史上联系比较紧密。随着人们对古生物化石研究的深入，生物进化历程也愈来愈清晰，物种在空间和时间上的联系不断被揭示出来。

在研究现代生物及古代生物的科学家们所使用的分类方法中，每一种生物都被赋予一个斜体字书写的由两部分组成的物种名称。第一个首字母大写的单词是属名，与其他与之接近的相关物种共用。第二个小写的单词是种名，对于特定的某一类生物是唯一的，例如：Homo sapiens，即人类。

一般情况下，种名之后还会有新物种的发现日期及发现者的名字。已经命名的物种大概有200万种，均以希腊语或拉丁语命名。每一个物种只能有唯一的名称，而且该名称不能同时被别的物种使用，也不能有多于一个的名称用于同一物种。

如表7所示的生物分类系统，其中每一个向上的阶梯所包含的范围都更广，即包含了更多数量的生物。"界"是最高的分类单位，生物界包括所有的动植物及原生细菌。人类的生物学学名为拉丁文Homo sapiens，全称为动

表7 生物的分类

界（植物，动物，原生细菌）

　门（33个）

　　纲（原文中缺少此项，译者注）

　　目

　　　科

　　　属（每个属平均有60个种）

　　　种（已知有175万）

　　　　类（密切相关物种的群组）

物界脊索动物门脊椎动物亚门哺乳动物纲灵长目人科。*Homo*包括了现代人类及所有的古代祖先（图52），从生活于200万年前的能人 *(Homo habilis)*

图52
南方古猿在非洲平原上进行觅食 （加拿大国家博物馆提供）

直至现代人类 *(Homo sapiens)* 。

支序分类学是一种通过采用进化树上的系谱分支次序来改变分类的方法。所以，在支序分类系统内，肺鱼与陆地脊椎动物的相关程度比硬骨鱼大，虽然肺鱼和硬骨鱼在外形上更加相似。这是因为肺鱼和陆地脊椎动物的共同祖先在时间上比肺鱼和现代硬骨鱼的祖先更晚一些。换句话说，支序分类系统的分类方法仅仅取决于共同祖先在时间上的接近程度，而不是形态特征或外形的相似性。

现在已发现的大多数化石都是由海洋动物所形成。海洋生物的遗体容易变成化石，因为它们在海水中不容易遭受破坏，而且那里的沉积作用也非常频繁。另外，海洋生命在地球上出现的时间比陆地生命长八倍，当然就会有更多的海洋生物被保存成为化石。

表8所示的10个动物门类包括了绝大部分的地球生物物种。第一个是原生动物门，为早期最简单的生命形式，下面的每一个门——多孔动物门、腔肠动物门、苔藓动物门、腕足动物门、软体动物门、环节动物门、节肢动物门、棘皮动物门以及脊索动物门——变得愈来愈复杂，人类所属的脊索动物门是最复杂的一个。

地球上最初形成的生物可能是细菌和原始蓝绿藻，它们诞生于大约35亿年前，是藻席、藻叠层和燧石中的藻丝体的主要组成部分。之后出现原生动物门，包括变形虫、有孔虫和放射虫。这类生物的整个身体只有一个微小的单细胞，细胞膜之内充满了原生质。其中只有有孔虫和放射虫的残骸留下了足够的化石记录（图53）。现代地球上生活的原生细菌大约有4,000种，藻类和原生动物大约有80,000种。

海绵动物，属于多孔动物门，也是第一类多细胞动物。它们固着在海底，可以长到三英尺（约1米）宽。他们的身体有内外两层细胞组成，中间为一层胶状的原生质。海绵动物的体壁上有许多小孔，通过这些小孔可以将水输送到中央腔，将食物过滤后海水从一个或更多较大的出水口排出。由于海绵动物为软体动物，因此，他们通常不易变成化石，除非他们的骨骼是由硅质骨针所组成。现在，仍然生存有约10,000种海绵动物。

腔肠动物包括水母、海葵、水螅和珊瑚虫。软体动物不易变成化石，但是钙质珊瑚却可以成为极好的化石（图54），并且可以形成较厚的石灰岩层。现代海洋中仍然不断有珊瑚礁形成，包括堤礁和环礁。今天的海洋中至少栖息着10,000种腔肠动物。

表8　化石分类

群组	特性	地质年代
原生动物	单细胞动物：有孔虫和放射虫，大概80,000现代种	前寒武纪至今
多孔动物	海绵动物：大约10,000现代种	元古代至今
腔肠动物	组织由三层细胞组成：水母、水螅、珊瑚虫；大约10,000现代种	寒武纪至今
苔藓虫动物	苔藓动物：大约3,000现代种	奥陶纪至今
腕足动物	两个不对称外壳：大约260现代种	寒武纪至今
软体动物	直的、弯曲的或者两个对称的外壳：蜗牛、蛤蜊、乌贼、鹦鹉螺化石，大约70,000现代种	寒武纪至今
环节动物	发育良好的内部器官将身体分节：蠕虫、水蛭；大约7,000现代种	寒武纪至今
节肢动物	现代种最多的一个门，已知约100万种：昆虫、蜘蛛、虾、龙虾、蟹、三叶虫	寒武纪至今
棘皮动物	呈放射状对称的底栖生物：海星、海参、沙钱、海百合；大约5,000现代种	寒武纪至今
脊椎动物	脊柱和内部骨骼：鱼、两栖动物、爬行动物、鸟类、哺乳动物；大约70,000现代种	奥陶纪至今

　　苔藓动物门，或称苔藓动物，是生活在广阔海域内的一种奇特动物，他们固着在海底，通过过滤海水中微小的生物生存。他们有简单的钙质骨骼，形成极小的管道和腔室。苔藓动物的躯体常可呈现出丰富多彩的形状，包括树枝状、树叶状或苔藓状，它们将海底装扮成一片绿色。苔藓动物可作为一种重要的标志性化石用来对比全球的地层层序。

　　腕足动物是化石中分布最广泛的一种，化石记录约有30,000多种。它们长相类似蛤蜊和扇贝，但是彼此并不相关。虽然腕足动物在古生代时期数量庞大，但在漫长的地质历史时期经受了多次毁灭性事件的打击，现生种非常少。现今的腕足动物生活在浅水区或潮间带，也有，许多栖息在150～1,500英尺（约45～450米）的海底，最深可达18,000英尺（约5,400

图53
晚侏罗世的放射虫，
阿拉斯加楚利特纳区
（美国地质调查局提
供，D.L.琼斯拍摄）

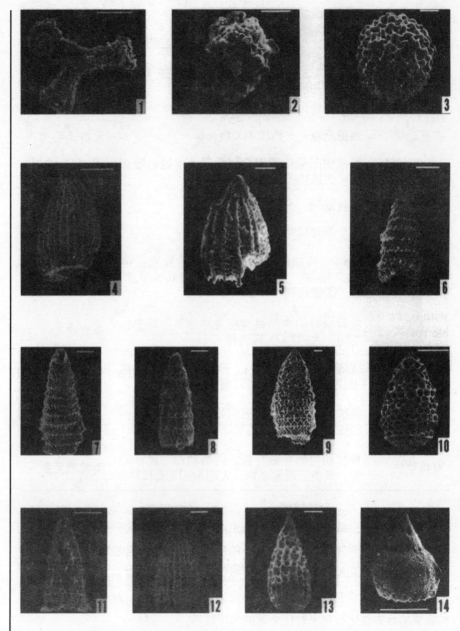

米）。腕足动物也是一种极好的标志性化石。

软体动物门包含蜗牛、蛤类及头足动物，是一个物种多样且数量庞大的
门类，这一门类留下了数量可观的化石。其中最引人注目的是菊石化石，它
们数量丰富并且保存完好。有些巨大的螺线壳直径可达几英尺，而有些呈直

线型的壳类有时可达12英尺（约3.6米）长。现在，大约有70,000种软体动物生活在地球上。

环节动物是一种由很多相似的节组成的蠕虫状动物，包括海生的虫类、蚯蚓、扁虫以及水蛭。海生的虫类藏身于海底的沉积物中或者生活于由方解

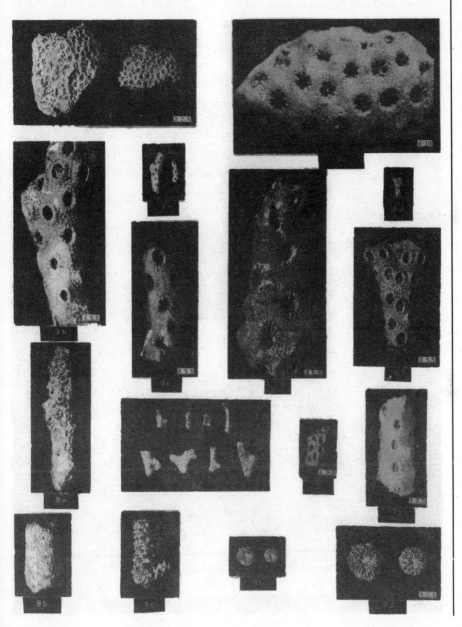

图54
珊瑚化石，样品取自马绍尔群岛的比基尼环礁（美国地质调查局提供，J. W. 沃尔斯拍摄）

石或文石组成的管中。由于身体柔弱，因而海生虫类很难形成良好的化石，但是它们留下了大量的虫迹和钻孔，而这些被很好地保留了下来（图55）。环节动物的种类繁多，已知的接近60,000多种。

　　节肢动物是海洋和陆地动物中最大的一个门类，它包括甲壳纲、蜘蛛纲和昆虫纲。生活在海洋中的节肢动物主要有虾、大螯虾、藤壶以及蟹，生活在陆地上的节肢动物包括昆虫、蜘蛛、蝎、长腿蜘蛛、螨类以及蜱类。节肢动物多由几个相似的部分组成，每一个部分都由一层像附属物一样的外骨骼所覆盖，这层外骨骼主要由几丁质组成。在节肢动物生长过程中，无法容纳

图55

海瑟砂岩中的蠕虫钻孔化石，南极洲彭萨科拉山（美国地质调查局提供，D.L.施密特拍摄）

不断生长的身体的外壳将会被蜕去，一般一生中会有几次蜕壳过程。甲壳纲中仍存活的物种大约有40,000种，而昆虫纲及其相关的种群中这个数字超过100万。三叶虫或许是第一种也是最为大家所熟知的一种节肢动物，现已灭绝。如今，三叶虫的化石可被当作珍贵的收藏品。

棘皮动物可能是化石记录中最奇特的一类动物了，其中大部分的物种已经灭绝。棘皮动物的身体以一点为中心，向四周呈放射状生长，且较为对称，同时它拥有一个可供进食和移动所用的导管系统，没有头部。棘皮动物包括海百合、黄瓜藤、海星、海蛇尾、海刺猬等。完整的海百合及海蕾的化石是化石收藏家热衷的收藏对象，数量比较稀少。现在，生活在海洋中的棘皮类动物约有10,000多种。

脊索动物是一类较高等的动物，包括脊椎动物（具有脊骨，如鱼类）、爬行动物、两栖动物、鸟类、哺乳类以及人类。现在，鱼类大约有22,000种，爬行动物约有10,500种，哺乳动物约有4,500种。其中，脊椎动物是第一种登上陆地的动物。恐龙化石首次被发现是在19世纪的英国，一经报道就引起了科学家们及普通民众的极大热情，至今发现的恐龙种类大约有500种。现在，每天都有大量游客到自然博物馆去参观恐龙化石，同时也有很多人资助古生物学家进行古代化石的发掘及研究工作（图56）。

在植物王国中，菌藻植物是最早出现的物种，包括藻类、真菌类、地衣。它们具有柔软的、非木质的结构，缺乏水分循环系统，主要生活在潮湿的地区。藻类具有叶绿体，可以通过水、二氧化碳及阳光合成养分。菌藻类植物通常是由雌性和雄性通过单细胞配子而繁衍后代。已发现的最早的菌藻类化石是前寒武纪的绿藻和单细胞细菌。真菌和地衣大约有100,000多种。

苔藓植物包括苔藓、叶苔，是陆地上完好生存下来的第一类植物。它们有茎和简单的叶子，但却缺少坚实的根和循环系统，难以将养分输导到枝叶的末端，所以它们必须生活在潮湿的环境中。它们通过孢子来繁衍后代，而孢子可以在风的作用下大范围地扩散。这类植物是晚前寒武纪最早进入淡水湖的物种。

蕨类植物，是第一类真正发育齐全根、茎及叶的植物。一些生长于现代热带地区的蕨类像地质历史中的某些蕨一样，能长到某些树木那么高。松叶蕨出现于晚志留世，在晚泥盆世灭绝，或许正是这一事件导致苔藓、楔叶类植物和真蕨的繁盛。真蕨（图57）是最大的一个门类，不管是现存的还是已经灭绝的，同时真蕨也是形成煤炭的主要植物。蕨类植物主要通过孢子繁衍后代，不过已经灭绝了的种子蕨却是通过种子来完成这一任务的。

种子植物是一种通过种子繁育后代的高等植物，包括裸子植物和被子植

物。裸子植物常为针叶植物，它们的种子常被暴露或直接呈球果产出。裸子植物生活于石炭纪至今的漫长岁月中，分布面积很大，可适应各种艰难的气候条件。被子植物是开花植物，它们的种子常生长于果实中。被子植物最早出现于石炭纪，包括高大的乔木，也有低矮的草类。现代种子植物的数量由于南北回归线之间森林的大量砍伐而呈明显下降的趋势，但现今这种高等植物的数量仍有270,000种。

沉积环境

无论是陆地还是海底，大部分的地球表面都被一层薄薄的沉积物所覆盖，因此，沉积岩是最常见的一种岩石。很多层峦叠嶂的山脉和参差不齐的峡谷都是沉积岩形成的，沉积岩不光带给我们迷人的风景，其中还蕴藏了丰富的矿藏，能够让我们解读地球历史的化石也形成于沉积岩之中。地球的表面形态并非一成不变，陆表的沉积物会受风化作用而不断减少，洋底的沉积物则会越来越多。

在大多数沉积岩中都可发现化石，石灰岩和页岩中尤其常见。被抬升至地表并出露良好的海相沉积岩通常是寻找化石的最理想场所。多数大陆的中央区域在地质历史期间都处于海洋之中，因而这些地方通常形成厚层海相沉积岩。尽管现在的许多地区海拔已经很高，但在地质历史期间它们或许处于一片汪洋之中。当海水退去，陆地抬升后，这些海相沉积物便开始遭受剥蚀。

在海相石灰岩的形成过程中，通常有海洋生物死亡后形成的瓣壳或生物骨屑掺杂其中，因而石灰岩是所有岩类中最易保存生物化石的岩石。大多数石灰岩形成于海相环境，少数形成于沼泽或湖相环境。石灰岩在地球上很常见，约占所有出露沉积岩的10%，在野外通常很容易辨认（图58）。

图57
树蕨枝叶化石，发现于宾夕法尼亚州费耶特县纽若普泰瑞斯（美国地质调查局提供，E. B.哈丁拍摄）

图58
霍索恩组和奥卡拉组
的灰岩，位于佛罗里
达州马里恩县 （美国
地质调查局提供，G.
H.艾斯朋谢德拍摄）

　　在大多数石灰岩中都可见到化石，形成于静水环境的石灰岩通常保存完整的化石，而动荡环境下形成的石灰岩包含的化石多为碎片。石灰岩中很小的球形颗粒常被称为鲕粒，这种颗粒代表的是一种动荡的高能水环境，而已经石化的微晶灰泥层则代表一种静水环境。在静水环境中，沉积物不受波浪或水流的影响，在这种环境中，一些具有坚硬外壳的生物可以被完整地埋藏于碳酸钙沉积物中，最终被岩化形成石灰岩。

　　页岩和泥岩是最常见的沉积岩，因为它们是长石和其他常见矿物最主要的风化产物。黏土颗粒在海水中下沉缓慢，因而黏土常沉积于离岸较远的安静的深水环境。随着埋深加大，压力升高从而使粒间水被排出，黏土逐渐被石化形成页岩。黏土中包含的生物被压成薄薄的炭质残余或印痕。相比于其他沉积岩，页岩和泥岩中可以见到很多缺乏硬质骨骼或外壳的古生物形成的化石。

形成于海相沉积环境的大多数沉积物中包含的化石可很好地反映地球的历史。海洋沉积物主要是由陆源风化物所组成，而且这些沉积物常形成于陆地边缘或内陆海中。内陆海由海洋大规模入侵陆地后退却所形成，比如侏罗纪和白垩纪时期北美洲的内陆海就是一次大海侵的产物。当沉积速率很快时，往往可以形成厚达几百甚至上千英尺厚的沉积层。在某些地方，单个的沉积层可横向延伸几百英里。

形成沉积岩的过程以风化剥蚀为开端，雨水、风及冰川在风化作用中起着至关重要的作用。雨水可使多山地区爆发泥石流，即使在松散沉积物较少的山区雨水的冲刷也会带走很多沉积物。溪水将沉积物带入河流，河流汇入大川，最后进入大海。像密西西比河这样的大河，其携带沉积物的能力是非常惊人的，在其入海口墨西哥湾附近沉淀的泥沙形成了广阔的陆地并且在不断生长。

地球上各大陆每年接受的雨水近25,000立方英里（约10万立方千米），这其中的一半最后注入海洋。据估计，在这一过程中，有近250亿吨的沉积物被带入海洋，这些沉积物主要来源于土壤的风化（图59），最后沉积于大

图59
严重的土壤侵蚀，田纳西州谢尔比县的一个农场（美国农业部土壤保护局提供，提姆麦开比拍摄）

陆架上。大陆架一般延伸100英里（约160千米）或更多，坡度平缓，最大深度约为600英尺（约180米）。

相比之下，大陆斜坡最深处可达2英里（约3.2千米）甚至更多，坡度可达2至6度。到达陆架边缘的沉积物在重力的作用下可沿大陆斜坡下滑。有时，大量沉积物在重力的作用下沿大陆斜坡像瀑布一样滑下，会给海底电缆带来灾难性的破坏。

疏松的沉积物有时也可由风搬运，特别是在干旱的地区，在这样的地区沙尘暴是最主要的搬运方式。细小的颗粒可以悬浮于空气中被搬运很长距离。据测算，在大气层底部，每立方英里的空气可挟带150,000吨的悬浮物质。尤其是一些超强的沙尘暴，像非洲撒哈拉沙漠中的沙尘暴，可将悬浮物质搬运很远的距离，有时可穿过大西洋到达南北美洲。

海洋中的红色深海黏土是由来自于陆地的细粒沉积物形成的，大部分由风搬运的细粒沉积物在陆地上可形成厚层的黄土（图60）。在沙漠中还可见到壮观的沙丘沉积，石化的沙丘在露头剖面表现出的特征与其他沉积物明显不同，常见由沙层形成的交错层理。另外，沙漠中的沉积物颗粒常呈霜状，同时大块的岩石表面可见由风的剥蚀作用形成的侵蚀面，像是经砂轮打磨过一样。

溪水和江河中的沉积物多来自于上游的风化产物，当大量的沉积物阻塞河道时，河水便会漫溢到其他地方并下切形成新的河道。这样，河流沿新河道蜿蜒前行，在宽广的河漫滩上形成厚层的沉积物，这些沉积物有时可充填

图60
垂直的黄土露头剖面，位于密西西比州沃伦县（美国地质调查局提供，E. W.肖拍摄）

图61
格伦斯费里组砂岩中
的交错层理近照，爱
达荷州埃尔莫尔县
（美国地质调查局提
供，H. E.毛德拍摄）

整个河谷。雨水季节，洪水沿干枯的河道急速下泄，挟带大量岩块泥沙混杂的沉积物，有些巨型岩块可达小汽车般大小。当河流流经沙漠时，河水便很快浸入沙漠地下，只有其中挟带的少量大型的岩块残留在地表，像纪念碑一样表明这里曾经历过迅猛的洪水。

在露头剖面上，河流沉积一般通过粗粒沉积物及交错层理来识别（图61），这些粗粒沉积和交错层理是由河流沿古老的河道来回反复冲洗形成。河流同样可以使矿物颗粒或化石重新排列，从而使岩石形成线状构造，通过这些构造我们可以确定古河流的流向。波痕构造（图62，63）同样可以帮助我们确定河流的流向，通常流向垂直于波脊，与波痕锐角方向一致。

河流沉积中的冲积层是河流坡度减缓、流速及流量减小的产物，往往形成于河流入海处及河水遇到巨大障碍物的情况下，在蒸发作用强烈时或者冰冻期也可形成冲积层。在沉积过程中重矿物会首先沉淀。河流沉积可分为水体沉积、冲积三角洲及河谷沉积。一条中等规模的河流要经过100万年才能将它的沉积砂体向前移100英里。在这一过程中，砂粒被磨蚀得极度光滑，而这一特征正好可以帮助我们鉴别古代河流。河床上的河流沉积岩一般很少见，因为河流通常会将沉积物搬运到湖或海洋中。当河流进入静水环境时或者在汇流处会形成河流三角洲，在这种情况下，河水中的悬浮物会在极短的时间内发生沉淀，而河水的速度也会随之减缓。大部分的河流沉积会被近岸

流再次搅起而发生再沉积，从而形成海相或湖相沉积。

　　美国中西部和东北部的大部分地区在最近一次大冰期时曾是一片茫茫的

图63
波痕可以指示古河流的流向

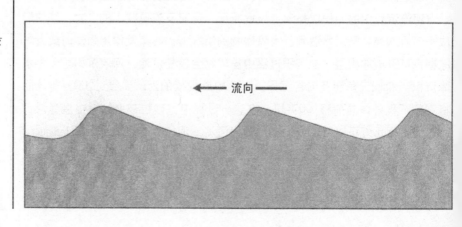

流向

冰川，在这些地区，花岗质基岩之上的沉积物被巨大的冰川剥蚀殆尽。厚重的冰山在所到之处留下了深深的沟壑，落基山脉很多地方都可以见到这种古冰川遗迹（图64）。冰川作用还可以形成巨量的沉积物——冰碛物，冰碛物在世界各地分布广泛。

冰川作用常常形成一些奇特的构造，诸如冰斗、冰川壶穴、锅状坑、冰川湖、冰川阶地以及一些由冰川的剥蚀而形成的小型台地。冰川作用形成的冰碛物常常覆盖于较老的岩层之上，与此同时形成一些定向分布的鼓丘。被称作蛇丘的砂质沉积是由冰川碎屑形成的冰水沉积。湖底由淤泥和砂互层组成的冰川纹泥，是冰川剥蚀物流入湖泊之中年复一年累积起来所形成的。

湖相沉积，或者也称为湖泊环境沉积物，与海相沉积物一样是由最基本的层组成，只是前者的规模要相对小一些，这主要取决于湖泊规模的大小。冰川湖，如著名的格雷特湖，是由冰川强烈的下切作用形成的坑，然后被冰水或雪水充注所形成，在后期演化中接受了大量的来自陆地的沉积物。沉积建造使湖水不断变浅，直至有一天它们完全变干甚至变得像平地一样，不再

图64
落基山脉的冰川谷和冰川湖（美国国家公园管理局提供）

引人注目。

很多大陆内部的大型湖泊或内陆海都是咸水，比如犹他州的大盐湖，有些湖泊可能是在地质历史时期由海水侵入陆地后退却所形成的。这些咸水湖并没有出水口，随着河流将更多的盐分带入其中，它们的盐度会越来越高。大盐湖的盐度要比一般海水高8倍，游泳者在其中可得到更大的浮力。位于以色列和约旦之间的死海，其盐度之高甚至可以使人轻松地漂浮在海面之上，高盐度也使得海水中几乎没有动植物生存。

化石的形成

古生物学是地质学的分支学科，主要以古生物的遗体、遗迹——化石为研究对象。并非所有的生物都会成为化石，只有部分的动物或植物在特定的埋藏条件下才会形成化石。化石大致可分为遗体化石和遗迹化石两类。

古生物学家们通过详细研究世界各地发现的不同时代、不同种类的化石，已经对曾经生活在这个星球上的古代生物有了相当的了解。对于已经灭绝了的生物，化石就是它们非常好的墓志铭。"化石"的英文写法"fossil"来源于拉丁语中的"fossilis"，意思是"挖掘"，因为古生物学家或业余爱好者通常是通过挖掘的方式来寻找化石的。最让人感兴趣的同时也是非常稀少的是最能反映古生物原本面貌的化石，包括骨头、贝壳以及其他保存完好的生物遗骸。

化石的形成环境和保存方式多种多样，但完整的古生物个体化石非常稀少。古生物体内的硬质部分通常可以比较完整地保存下来，前提是化石形成时沉积环境不能有太大的变动。比较常见的是那些原始物质被强烈改造过的，但却能辨认生物体形状及结构的化石。数量最多的化石并不是那些由生物体本身所形成的化石，而是那些能间接证明这些生物曾经存在过的那些化石，比如足迹、爬痕、潜穴以及印痕。

一般来讲，想要形成化石，那么生物体中必须要有一些坚硬的部分，诸如贝壳或骨骼，因为那些柔软的肉质组构会很快被食肉动物或细菌所破坏。即使是那些坚硬的组分，如果留在地表，不管时间长短，也会被破坏。另外，如果想变成化石，生物体必须快速埋藏，只有这样，才能避免被降解以及被风化或侵蚀。相对于陆地生物，海洋生物就比较容易形成化石，因为海洋常常是沉积的场所，而陆地则恰恰相反，是风化与剥蚀的场所。

对于淡水生物或其他一些生活于陆地之上的生物如远古的人类来说，古代的湖泊底床是理想的化石形成地。古代的沼泽地植物生长繁盛，因而这些地区常常有很多植物化石。许多动物也会垂涎沼泽地繁盛的植物而身陷其中。同时，沼泽环境的强还原性也使这种环境中的细菌降解作用降到最低，从而有利于植物或是动物遗体保存下来形成化石。一些快速沉积的环境，如河漫滩、三角洲或河道常常保存有淡水生物化石，还有一些落水的陆生植物或动物。

地质历史中的古生物只有极少一部分能够保存下来成为化石，一般情况下，动植物的遗体会被其他动物吃掉或降解而消失，那些通体缺少硬质骨骼的动物形成化石的机会更是少之又少。大部分的动植物遗体会消失在食物链或者更高一级的生态循环之中，它们将转化为土壤中的养料来哺育地球上的新生命。化石形成以后也要面临很多考验，比如地表的风化和剥蚀，很多化石因为遭受了强烈的后期改造而无法辨识其原始生物特征。

化石经受的后期改造作用越少，就越有研究价值。一般情况下，动植物遗体必须被快速埋藏才能形成化石。否则，它们可能被捕食者吃掉，或者被细菌分解，或者在风和水的作用下而荡然无存。生物体中主要由碳酸钙、方解石、文石或磷酸钙组成的非有机质硬质体（骨骼、牙齿等）抵抗后期改造作用的能力较强，通常可以保存成为完好的化石。另外一些保存完整生物体特征的化石发现于树脂、沥青或冰山之中，这种化石非常稀少，极具研究价值。

稍微逊色一点的化石是那些物质组分被改变而结构仍清晰可辨的化石。这些化石原始的物质组分，不管是木质的还是骨骼，都已经在后期的改造过程中被其他矿物所取代，最后整体转化成岩石。当某些动物的骨骼被埋藏后，细胞内的水分及其他物质会被富含矿物的流体所取代。水分蒸发后，矿物质就会留下并按照原始细胞的结构分布。慢慢地，随着这种充填、蒸发作用的反复，原始的细胞物质就会被矿物质取代而外形却保持不变。

最常见的成岩介质是溶于地下水中的方解石和硅质。大气中的二氧化碳与雨水作用后会形成一种弱酸性的碳酸，当这种碳酸淋滤土壤中的矿物质之后便会形成方解石和硅质，然后渗透进入地下水循环系统。在这一过程中如果有硫化铁的参与，还会形成一些很好看的黄铁矿晶体。最常见的由石化作用形成的化石包括大型恐龙骨骼化石和硅化木，这些化石往往个体巨大并且很重，位于亚利桑纳州的硅化木森林是一处非常著名的地质景观（图65）。

地下水将埋藏于沉积物中的生物遗体溶解后就会形成铸模。铸模可真实地再现这种生物的外形，却无法反映其内部结构信息。当铸模被矿物质充填后，一个铸型便形成了（图66）。一种生物的脑量，可以通过测定其颅骨的铸型大小来确定。

沼泽地带是煤炭形成的主要地区，这里的植被丰富，并且埋藏条件极好。大部分的植被死亡后被埋入地下，经过一定时间的碳化作用就可以演变成煤床。碳化作用是将植物的木质纤维转化为炭的过程，当植物体内的水分等挥发性物质在压力等作用下排出体外以后，硬质的木纤维会在强还原环境下逐渐变成煤。在煤层的解理面上常可见到植物的叶及茎的印模化石，是认识古代植物的一个重要途径。

昆虫的化石非常少见，因为它们的躯体非常脆弱，不能承受太大的地层压力并且在埋藏过程中很容易被细菌分解。常见的昆虫化石多保存在琥珀之中，琥珀是古代植物分泌的树液硬化后形成的。当昆虫不幸被滴落的树液包裹住以后，它们是不可能从中脱身的，黏稠的树液隔绝了空气，消除了氧化作用的影响，昆虫体通常可以一成不变地被保存到现在。有时琥珀中会包含一些气泡，这些气泡可以帮助我们了解古代大气的成分。对大约形成于8,000万年前的白垩纪琥珀内的气泡进行的气体分析表明，那时的大气可能含有浓度比现在高得多的氧气，这或许可以用来解释为什么恐龙可以拥有那么大的躯体。

化石有时候并非古生物本身形成的，比如恐龙胃中的"胃石"。某些种类的恐龙将砂石吞入砂囊之中，类似于现在的鸟类，这些砂石可以帮助它们消化。胃石通常磨圆度非常好，当恐龙死后坚硬的胃石会单独保存为化石。在美国西部出露的中生代沉积物中发现有很多此类化石。

其他的化石类型还包括动物的粪便形成的粪化石，通常呈块状、管状或粒状。粪化石通常用于判别已灭绝动物的觅食习性。例如，食草恐龙的粪化石是黑色硬块状的，通常充满植物。而食肉恐龙的粪化石则是纺锤状的，内含其他动物的骨骼碎片。在粪化石内钻孔可以发现早期的恐龙粪金龟子。恐龙的粪化石通常相当大，依恐龙个体的大小而不同。

假化石外形上同真化石很相似，但却不是由生物体形成的。其中一些是由非生物成因矿物积聚而成的聚合物，称为结核体。它们可能是页岩、砂岩、石灰岩等一些盛产化石的岩石中的团块或结核。一些结核体中确实包含化石，如贝类、鱼类或昆虫。许多结核体看起来像石化的恐龙蛋，因为都是圆形的。还有一些假化石布满矿物质的裂纹，常常被误认为是乌龟壳化石。

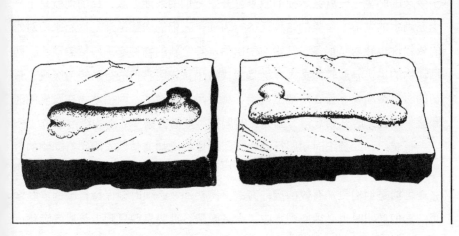

图66
左为铸模，右为铸型

虫迹、爬迹和足迹

相对于稀有的动物骨骼化石来说，古生物一生中留下的痕迹可以说不计其数，这些痕迹保存下来也可以形成化石。动物的足迹化石通常保存于细粒沉积物中，比如河边或海边的沙滩（图67）。如果动物行走缓慢，足迹就会保留更多的动物足部特征，甚至可以从中辨认出爪子或者指甲的清晰轮廓、脚垫的形状或鳞片的式样。

但是，清晰的足迹化石非常少见，大多数脚印在掩埋和保存过程中都被部分或完全毁坏掉了。形成足迹化石最有利的环境是高潮退去之后的海滩，这样足迹可以免受海水的冲刷慢慢变干、硬化，最终填满各种类型的沉积物。动物的体重也很重要，大型动物的足迹一般更深，例如恐龙，它们的足迹不易被破坏，可形成数量丰富且外形较为完整的足迹化石。

通过观察一连串的足迹化石，可以推测出当时古生物的体型大小及步幅长短，有时甚至可以看出它们的运动姿态，是走动还是跑步。恐龙的脚印化石通常清晰，因为多数恐龙的体重都比较大，可以在地面上产生很深的痕迹。在世界各地的中生代沉积物中均发现有大量的恐龙足迹化石，通过对这些化石的研究发现，某些恐龙属群居类型。一些大型食肉动物，例如霸王龙，是迅速而敏捷的捕食者，其奔跑速度可达每小时20英里（约每小时32千米）甚至更快。

在3.7亿年前，海洋中的某些动物开始进入干旱的陆地寻找生存空间。在陆地上，部分湖泊会出现季节性干涸，这时候，长有肉鳍的鱼类——类似于今天的肺鱼——就会笨拙而艰难地开始它们的跋涉之旅，目的地就是下一个充满水的湖泊。鱼类的这种迁徙行为使得它们的肉鳍渐渐发达起来，对水的依赖性也减弱了很多，开始衍生出另一种全新的物种——两栖类动物。两栖动物的足迹一般较为宽大，而且步伐短小，说明它们的行动较为缓慢。最初的两栖类动物不善在陆地上行走，更不用说奔跑了。两栖动物在石炭纪时繁盛，二叠纪时开始衰落，因为这时爬行类渐渐占据了陆地的统治地位。

石炭纪和二叠纪时期爬行动物脚印数量的增加清楚地表明爬行动物的数量在增加而两栖动物的数量在减少。导致爬行动物处于优势地位的主要原因之一可能是他们更加有效的运动方式。两栖动物必须时刻保持自己的皮肤湿润，它们产卵时也必须回到水中。大多数爬行动物靠四只脚走路或者奔跑，

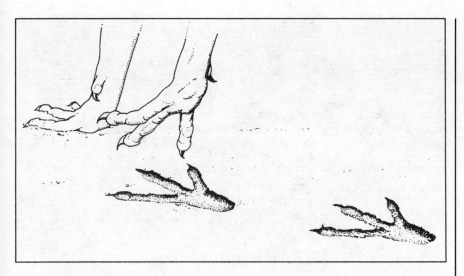

图67
脚印的形成需要潮湿、颗粒细小的泥沙河床环境。

而在二叠纪晚期，一些体型较小的物种可以在奔跑时保持直立姿态。它们仅靠后肢支撑身体，尾巴则用来维持平衡，这种姿势极可能将它们的上肢解放出来用以捕获猎物。中生代开始时，也就是大约2.5亿年前，恐龙进化出一种两条腿的爬行动物——槽齿目恐龙。两条腿的行动方式增加了恐龙的速度和敏捷性，但同时庞大的身体给也腿部造成了更大的压力，这一点也许是限制两足恐龙体型的原因之一。

恐龙足迹是所有化石脚印中最壮观的（图68），这些脚印在中生代时期世界上大部分地区的陆地沉积物中都较为常见。毫无疑问，此时的气候非常温和，恐龙几乎可以迁移到地球的任何角落。后来，许多恐龙的行迹表现出步距加长、行迹变窄、脚趾朝前等一些象征效率增加和移动加快的特征。从一些足迹的结构特征可以推测出它们属于某种类似哺乳动物的物种，可能是一种介于爬行动物和哺乳动物之间的过渡物种。中生代末期，恐龙的脚印从地球表面完全消失，取而代之的是哺乳动物的足迹。

恐龙灭绝以后，哺乳动物开始接管动物界的统治地位。最初的哺乳动物体型较小，夜行，足迹化石很少。后来，随着哺乳动物的繁盛和大型化，它们的足迹也更多地被保存成为化石。同样，步距加长、行迹变窄、脚趾朝前等一系列特征表明了它们运动效率和速度的增加。

1976年，在坦桑尼亚的雷托利发现了一些完好的大型哺乳动物的脚印化石，保存于火山灰岩层中，年代可以追溯到380万年前。在这些脚印化石

图68
科罗拉多州杰斐逊县达科他砂岩中的恐龙脚印化石（美国地质调查局提供，J.R.斯达希拍摄）
化石脚印的形成需要足够的深度，后期填充的沉积物石化后才有可能历经漫长的地质历史而保留下来

中，可见圆形的踵、足弓、明显的足部圆形隆起和朝前的脚趾。这些都表明了这种哺乳动物的行动相当敏捷，而且偏好于二足行走。其实，这些脚印化石属于人类较为古老的祖先，它们比其他动物更早地学会了直立行走。

下面两章将分别介绍种类丰富、绚丽多彩的海相化石和陆相化石。

5

海相化石
认识远古海洋生物

你想知道古代海洋中曾经生活过什么样的生物吗？它们跟现代海洋中的生物有什么不同吗？本章将带你走入一个神秘而丰富多彩的远古海洋生物世界，并一一解答这些疑惑。为我们揭开远古海洋生物神秘面纱的古生物学家们走遍世界各个角落寻找化石，测定它们的年龄，有时候针对一些大型的化石还要做一些复杂的修补、复原工作。通过这些工作，古生物学家们建立了一套化石分类体系，尽管这套体系还有待完善，但却是古生物学的根基所在。在古生物学界，由于对化石分类方案存在不同声音，古生物学家大致分成了两个派别：一个是合并派，他们主张将所有类似的生物都划归到一个类别中去，避免繁杂的分类方案；另一个是分离派，他们主张将化石细分，建立很多不同的类别以区分不同的化石。

关于始生物（protozoans，又称原生动物）也存在分类之争，有人将其划归到原生生物界，原生生物界包括了所有具有细胞核的单细胞动植物。在原生生物界里，动物与植物之间的界限不是很分明，很多动植物都拥有相似的特征。另外一种方案则将始生物明确地划归到动物界中，而始生物在希腊语中的字面意思就是"最初的动物"。

原生动物

原生动物是第一个演化出细胞核的生物门类，大部分的原生动物都是以个体形式独立生存的，而有一小部分以群落形式聚集生存。原生动物由单个细胞组成，薄薄的细胞膜内充满了为生命提供一切能量的细胞质。由于单细胞动物体内充满了液体，所以不容易成为化石被保存下来。通过对来之不易的原生生物化石的研究发现，现今的单细胞生物同古代的单细胞生物并没有太大的区别。原生动物获取食物的渠道是摄取海水中的微小食物颗粒或者通过光合作用合成养料。它们通过配子融合形成一个新个体，属于有性繁殖的一种。（原生动物的繁殖方式有两种：无性繁殖和有性繁殖。本书所述的配子体合成方式属于有性繁殖的一种——译者注）

原生动物能够依靠自身动力实现运动，这是它们区别于植物的一大特点。一些单细胞动物长有鞭状的尾巴，看起来好像丝状细菌与单细胞动物的结合体，这些鞭状的尾巴称为鞭毛，鞭毛的摆动可以推动这些单细胞动物向前游动。还有一些单细胞动物长有头发状的附属物，称为纤毛，其作用同鞭毛的作用相同。阿米巴虫（又称变形虫）的运动方式有些特别，它的运动器官是身体表面形成的临时性的细胞质突起，称为伪足。

原生动物主要包括以下几类：藻类、硅藻类、沟鞭藻类、放射虫类、有孔虫类和蜓类。具有同心层状构造的叠层石（图69）就是由一种原生动物类——蓝绿藻形成的，这些藻类可以分泌一种黏液，用来捕获海水中的碳酸盐颗粒和泥。叠层石主要生长于潮间带，高度可以达到30英尺（约9米）。潮间带是低潮线和高潮线之间的海域，所以叠层石的生长高度可以反映潮间带海浪的高度。

如前所述，大部分的原生动物都是以个体形式存在的，少数的原生动

图69
亚利桑那州吉拉县索
尔特里弗和坎宁克里
克交界的叠层石（美
国地质调查局提供，
A.F.史瑞德拍摄）

物以群落形式生存。从前寒武纪到现在的海洋中都有原生动物存在，只是由于大部分原生动物的身体结构缺少硬壳，很难形成化石，如阿米巴虫和草履虫等。但是有一种原生动物例外，那就是放射虫，它有着硅质的外壳，比较容易形成化石。放射虫形状多样，有针状、球形、钟罩形等等。由于放射虫生活的年代和环境是特定的，所以可以用来确定洋壳的年龄和岩石的形成环境。

有孔虫（图70）是一种具伪足的微小单细胞动物，它们的骨骼是一种碳酸钙分泌物，可以反映当时的海洋和气候特征。大部分的有孔虫生活在浅海海底，少部分漂浮，在浅水和深水沉积物中都发现有它们的存在。有孔虫对石油地质学家来说非常有用，他们常用有孔虫来确定岩心的时代。蜓类是一种大型的已经灭绝的有孔虫，形似麦粒，长度一般为5毫米，最小不到1毫米，大者可达75毫米。

尽管原生动物是一个奇特的物种，但其化石对那些业余收藏者来说没有什么价值，无法引起他们的收藏兴趣。原生动物死后其硬壳沉入海底，大量的这种碳酸钙的硬壳日积月累，形成了厚度很大的沉积物。这些沉积物受风暴和水下潜流的作用，与其他海洋有机体发生混合，形成一种钙质泥，这种钙质泥日后经过压实和成岩作用可以变成石灰岩。所以石灰岩中的化石数量非常丰富，并且种类繁多。

海绵动物

随着生命由低级形态向高级形态不断演化，单细胞动物逐渐发展成为多细胞动物，又称为后生动物。后生动物起源于6亿年前的元古代晚期，它们的出现给生命舞台翻开了崭新的一章，所有现代海洋生物的始祖都是在那个时候出现的。最初的多细胞动物是很多细胞的松散集合体，这些单细胞生物为了更好地移动、捕食和防御外敌而聚集到一起。如果单个细胞从这些集合体中分离出来，它们仍然可以独立生存直至生长成成熟的个体，或者加入另外的集合体。

当多个单细胞生物个体聚集在一起时，它们形成一个中空的球体，鞭毛在外侧不断拍打海水来保持球体的形状。还有一些聚合体将鞭毛置于球体内侧，开口向外以附着于海底岩石之上。鞭毛的拍动可以将富含食物的海水吸入体内，同时将排泄物排出体外。这种单细胞聚合体很像是海绵的雏形。

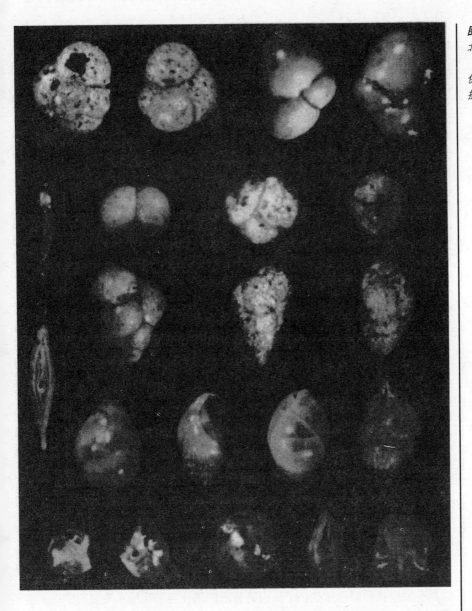

图70
北太平洋的有孔虫
（美国地质调查局提
供，R.B.史密斯拍
摄）

　　海绵固着在海底生存，形态变化较大，大小不一，早期有些海绵可以长到10英尺（约3米）甚至更加庞大（图71）。海绵主要由三层很薄的组织层组成，这些组织层的细胞在被分离后仍然可以存活，所以如果一个海绵被分成两半，那么它们将发展成两个单独的海绵个体。海绵在结构上可以分为中空的海绵腔和体壁两部分，体壁上有很多入水孔和出水孔，是海绵的捕食和排泄器官。

图71
海绵，是海洋中出现
的第一种大型生物，
直径可达10英尺（约3
米）以上

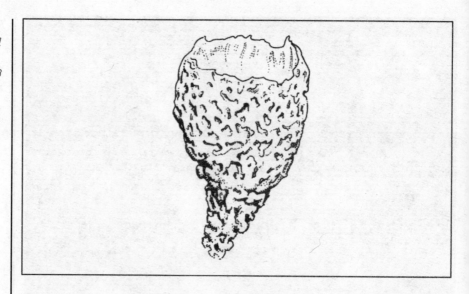

　　有些海绵具有由中胶层造骨细胞分泌而成的骨骼，这些骨骼呈相互联结的骨针或骨丝形态，主要成分为钙质和硅质。具有微细玻璃丝状的骨针使得海绵的外表非常粗糙，人们称之为玻璃海绵。这种玻璃海绵具有硅质骨针形成的漂亮骨骼，这种硬质骨骼几乎是化石中海绵唯一可以保存下来的部分。海绵的生存时代从前寒武纪一直延续到现代，但具有海绵骨针的微体化石直到寒武纪以后才开始大量出现。在古代海洋中，无数的海绵和硅藻从海水中吸收了大量的硅质以形成它们的骨骼，所以造成现代海水中普遍缺少二氧化硅。

腔肠动物

　　水母是一种比海绵更高级的海洋生物，属于腔肠动物门。多数的腔肠动物具有放射状的对称结构，个体内有袋形的消化腔和周围布满触须的口。腔肠动物体壁具二胚层，即外胚层和内胚层，在两胚层之间还有中胶层。

　　水母具有圆盘状的体形，同样由内胚层、外胚层和中胶层构成，中胶层占身体的比重较大，可以为水母的运动提供动力。与海绵不同的是，水母有一套原始的神经系统将所有细胞联系起来，细胞之间可以相互传导信息。这种神经系统的出现使得细胞的动作可以协调一致，为肌肉组织的形成奠定了基础。水母的生存时代可以从前寒武纪后期一直延续到现在，但是由于它们没有硬质的外壳或骨骼，所以很少形成化石。迄今发现的水母化石主要是以碳质薄膜或印模化石的形式出现的。

　　珊瑚是腔肠动物门中比水母更高级的海洋生物，它们常以各种形态的聚合体形式出现。珊瑚的软体统称珊瑚虫，它们生长在硬质的碳酸钙质的鞘中，一般为杯形或圆柱形。从化石上可以看出，远古的珊瑚同现代的珊瑚在形态上非常相似（图72）。珊瑚礁在早古生代的时候就已大量存在，它们常是构成障壁岛或岛屿的主体部分。珊瑚有时会在海底死火山的顶部聚集生长，形成环状的珊瑚礁，称为环礁。当火山渐渐沉入海底的时候，如果珊瑚礁的生长速度大于火山下沉的速度，那么这些环礁就会继续保持在海面以下一定深度，只是在规模上变得更大了。造礁珊瑚是海底世界的建筑师，大约地球表面3/4的海域中都可以见到它们的杰作。珊瑚是海洋生物大家庭中非常重要的成员，它们占据了所有海洋生物数量的1/4左右。珊瑚在进化出造礁能力之前大概可以分成两种类型，在此不作详述。珊瑚虫是一种软体动物，其上生长有环带状的触手（图73）。这些触手在夜晚伸出鞘体外以捕获食物，在白天或者低潮期的时候缩回鞘内，以保护软体部分免受强烈的阳光照射。

　　珊瑚常与一种被称为虫黄藻的藻类共生在一起，这种虫黄藻寄居在珊瑚虫体内，以珊瑚虫的排泄物为食。虫黄藻经过光合作用可以将这些排泄物转

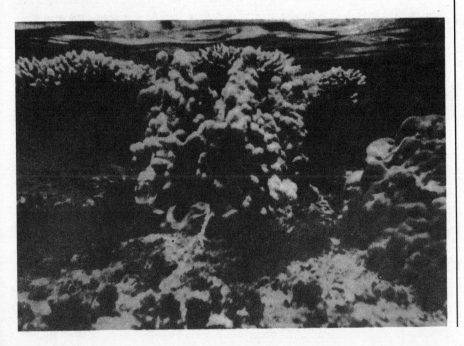

图72
生长于马绍尔群岛比基尼环礁中的珊瑚（美国地质调查局提供，K.O.艾莫瑞拍摄）

图73
珊瑚虫生长于硬质碳酸盐壳内，以躲避天敌和低潮期时强烈的阳光

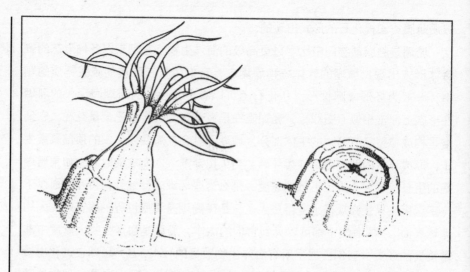

化为一种有机质，从而被珊瑚虫重新利用。有些珊瑚虫约60%的能量供应都是来自这些寄生的虫黄藻。珊瑚对生长环境的要求非常苛刻，一般是浅海环境，需要正常盐度并且温暖清洁的海水。在水深30米左右，水温25℃～29℃的清澈动荡环境中，珊瑚礁最为发育。

珊瑚礁为海洋生物提供一个绝佳的生存环境，这里水温适宜，阳光充足，食物丰富。所有这些条件使得珊瑚礁成为海洋中生命最为繁盛的地方。珊瑚礁的结构特点使得很多鱼儿或其他生物选择它作为庇护所，珊瑚礁所生长的环境还是海洋中光合作用和固氮作用最明显，石灰岩沉积最丰富的地区。珊瑚礁群落拥有非凡的造礁能力，有些珊瑚礁可重达数百吨。

珊瑚礁是海洋生物的乐园，这里有大量的红绿钙藻和数百种的结壳生物，如藤壶。珊瑚礁中无数隐蔽的角落和缝隙是各种无脊椎动物和小型鱼类优质的藏身之所，它们白天躲在珊瑚礁室，夜晚外出觅食。在珊瑚礁的底部还附着有很多生物，它们几乎无孔不入。在珊瑚礁无法生长的更深的海域中，生活着很多滤食性的动物，如海绵、柳珊瑚等。

古杯动物（图74）是一种最古老的造礁生物，兼具珊瑚和海绵的特点。古杯动物在寒武纪时期就已经绝灭了，在现代生物中没有发现与之相似的物种。横板珊瑚均为复体，具有蜂窝状或圆孔筛状的结构特点。在某些块状复体中发育有联结孔，是沟通个体内腔的一种特征构造，横板珊瑚绝灭于晚古生代。四射珊瑚，因其外形酷似动物的角，也称角状珊瑚。四射珊瑚是晚古生代主要的造礁生物，绝灭于早三叠世。六射珊瑚从三叠纪一直延续到现

在，是中生代和新生代的主要造礁生物。

现代的珊瑚礁上生活着非常繁盛的动植物群落，在风浪作用强烈的浅海区，巨大的礁体为这些动植物提供了天然的避风港。澳大利亚的大堡礁是世界上最大的珊瑚礁群落，位于澳洲的东海岸，绵延约2,000千米。地质历史时期形成的珊瑚礁被划归到石灰岩类，其中蕴藏了丰富的化石，是研究海洋古生物极其宝贵的资源。

苔藓动物

苔藓动物是一种水生群体动物，与珊瑚外形相似。苔藓虫个体微小，一般需要借助显微镜在薄片下观察研究。苔藓动物因与某些苔藓植物如青苔相似而得名，它们适应于各种底质，固着生活。虽然长相类似青苔，但它们却是名副其实的动物。苔藓虫与珊瑚虫一样生活在硬质的钙质壳体——虫室内，常呈管状或囊状。虫室可以保护苔藓虫免受外敌侵扰，还能在低潮期的时候为它们遮挡强烈的日光。苔藓动物以海生为主，少数淡水生活。它们可以适应各种温度和深度的水体环境，但主要繁盛于正常海水盐度和较清洁的浅海环境。

苔藓动物可以通过有性生殖方式繁育幼虫，幼虫在经过短暂的浮游生活

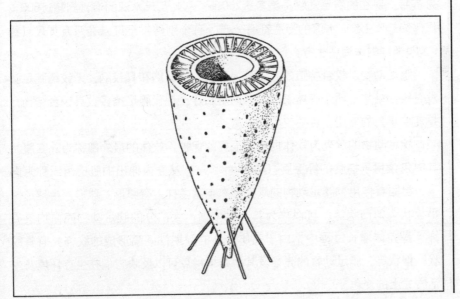

图74
最古老的造礁生物——古杯动物

后依附于海底或其他动植物身上发育为成虫，然后以无性出芽方式形成群体。苔藓虫在口周围长有圆形的触手环，其上有纤毛状的触手，可以用来过滤海水中的微细颗粒物作为它们的食物。这些触手还可以有规律地前后摆动，使苔藓虫可以做一些简单的运动。捕获后的食物在U形的消化管内进行消化，排泄物通过肠末端在触手环外附近的开口排出体外。

苔藓动物化石的种类和数量非常丰富，美国中西部和落基山地区的密西西比纪地层中就含有相当多的苔藓动物化石，这些化石与现代的苔藓动物类有很多相似之处。它们还参与了古生代的造礁活动，形成了数量丰富的石灰岩。因为苔藓虫是一种营底栖生活的动物，所以它们常以印模化石的方式出现在许多海洋动物化石的表面。苔藓动物化石多见于石灰岩中，页岩和砂岩中比较少见。

苔藓动物从奥陶纪直至现在都有分布，主要根据骨骼特征对其进行分类。苔藓动物化石是进行地层划分和对比常用的一种化石，而且由于它们体形微小，通常在油田中用于钻井岩心的年代确定。

腕足动物

腕足动物是迄今发现化石数量最为丰富的生物，其生活环境为中浅海。如果有岩层含有丰富的腕足类化石和波痕构造，那么，可以推断其形成环境为滨海。现在的腕足动物种类多达260种，从几英尺水深的海滩到超过500英尺（约152.4米）水深的海底都有分布，有个别种甚至可以在两万英尺（约6,096米）的深海中生存。

腕足动物以铰合构造的有无分为两类：无铰纲和具铰纲。无铰纲腕足类没有铰合结构，两个壳体之间仅以肉足相连。现代腕足类多数具铰合结构，是连接双壳的枢纽，包括铰齿和铰窝。

腕足动物的双壳为软体提供了很好的保护，软体的最外部称为外套膜，其中包含用于捕食的纤毛腕（lophophore）。从壳内伸出的肌肉组织称为肉茎，起固着作用。腕足动物的双壳形态丰富多样，有卵形、球形、半球形、平板状、凹凸状等，可以作为其分类依据。大部分的腕足动物壳面均具壳饰，是壳体增长过程中，由于壳质分泌的周期性间隔形成的纹饰，有脊纹状、槽状等。腕足动物的壳饰及其他结构特点可以反映它们在生存环境及生活方式上的变化。

　　腕足动物通过肉茎固着在海底生存，当双壳张开时，可以过滤海水中的食物颗粒。腕足动物外形与蛤非常相似，如图75所示。腕足动物与蛤都具有双壳，但蛤的生命形态更加高级。蛤的两瓣壳左右对称，大小一致，但单瓣壳无对称结构。

　　腕足动物的生存时代可以从寒武纪一直延续到现代，繁盛于古生代，中生代数量减少。腕足动物的化石数量可以达到3万种之多，是对比世界范围内不同地区地层的重要依据。某些腕足动物化石常被用作标志性化石来判定某岩层是否形成于古生代。所以，腕足动物化石在确定地质时代方面有着重要意义。

软体动物

　　软体动物可以算得上所有动物门类中种类最丰富、也最常见的物种了，其化石数量之丰富，令人称奇（图76）。在21个最基本的动物门类中，其数量居于第二位，仅次于节肢动物。软体动物门种类繁多，从海中的章鱼到陆地的蜗牛都属于软体动物门，要找出它们的共同点还真是很难呢！软体动物在中古生代处于鼎盛期，其中淡水蛤类是首批出现在陆地上的水生无脊椎动物。中生代的海洋中软体动物占据了具壳类无脊椎动物的绝大部分，其中约7万种至今仍生活于世界各地的海洋之中。

　　软体动物大致可以分为三类：蜗牛类、蛤类和头足类。蜗牛和蛞蝓的生存时代贯穿整个显生宙，是软体动物最主要的组成部分。大部分的软体动物

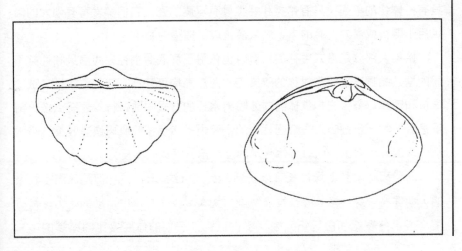

图75
腕足动物的壳（左）和蛤类的壳（右）

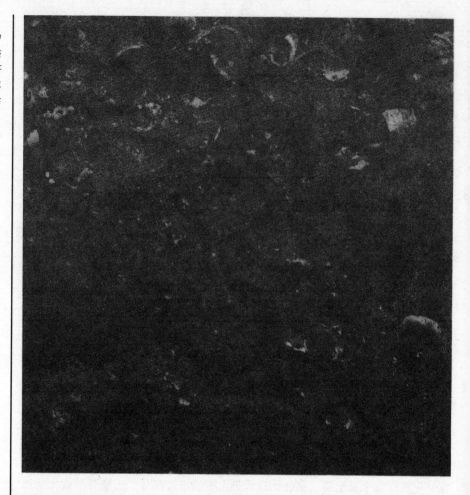

具有一体化的单壳，只有蛤类和蚝类具有双瓣的壳。它们都发育有硕大的肉足用于爬行或潜穴，有的肉足后来演化成了捕猎的触手。

蛤类大部分是潜穴生存的，有时也依附于海底面生存。同扇贝和蚝类不同的是，蛤具有呈镜像对称的双瓣壳，两瓣壳均可开启。头足类包括乌贼、章鱼和鹦鹉螺等，它们靠体内向外喷射水柱的方式向前游行，这有点像火箭推进器一样。水被吸入一个圆柱形的空腔内，然后空腔肌肉快速收缩，将水从排水漏斗中射出，同时身体受水的反作用力推动向相反方向运动。

已经灭绝的鹦鹉螺最长可以长到30英尺（约9米），它们是深海生物中的运动健将，身形修长并且呈流线型，大大减少了在水中运动的阻力。箭石类繁盛于侏罗纪和白垩纪，绝灭于古近纪。它们的体腔要比鹦鹉螺的小，壳体呈雪茄状。另外一种已经灭绝的头足类动物——菊石（图77a，b）是头足纲中最重要的一种类型，它们螺旋形的壳体非常容易成为化石，且种类繁多，是鉴定古生代和中生代岩石的重要标志性化石。菊石类壳体的大小差别很大，最大的直径可达7英尺（约2.1米），另外一些具直壳的菊石更是可以长到12英尺（约3.6米）甚至更长。

环节动物

环节动物是一种蠕虫类生物，它们的身体主要由一段段相互重复的环节所组成。环节动物包括沙蚕、蚯蚓、扁虫和水蛭等。沙蚕在海底沉积物中掘穴或依附在海底岩石上生存，具有钙质的管状硬壳。这些硬壳一般呈直线型，或不规则卷曲状，附着在硬质物如岩石、壳体或珊瑚之上。早期的海生扁虫体型庞大，一般可长到3英尺（约0.9米）长，但厚度只有不到1/10英寸（约0.25厘米）。它们长得如此之"扁"，是因为这样可以更方便地过滤海水中的食物和氧气。扁虫仍然可见于现代海洋之中，但数量与过去相比已经大大减少了。

原始的环节状蠕虫动物进化出了肌肉组织和一些基本的器官，如触觉器官和中枢神经系统等等。这些具体腔的蠕虫动物穴居于海底沉积物之中，其

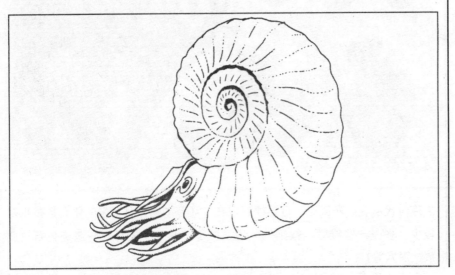

图77a
古生代和中生代海洋中最具代表性的生物之一——菊石，其壳直径可达7英尺（约2.1米）

生存时代从晚前寒武纪一直延续到现在。环节动物保存下来的化石数量相对
较少，多是一些锥管，微细的牙齿及颚等。此外，还有一些遗迹化石（爬
痕、潜穴等）。

110

在4.3亿年前的志留纪海洋中生活着大量的蠕虫类和一些非常奇特的节肢动物，其中包括具短而粗肉足的叶状假足。蠕虫状生物在寒武纪的海洋中也是相当繁盛的，但是很少有化石保存下来。因为在寒武纪末期，大量的具硬壳的潜穴生存的海洋无脊椎动物出现了，它们破坏了这些缺乏硬壳保护的生物的埋藏环境，使其无法形成化石。

节肢动物

节肢动物门是整个动物界中最庞大的一个门类，保存有很多形态各异、种类繁多的化石。在今天，大约生活着100万种的节肢动物，占整个已知的现存动物物种的80％左右。它们遍布地球的每个角落，不管是陆地、海洋还是天空都可以见到节肢动物的踪迹。节肢动物身体由若干体节组成，与环节动物类似，相似的身体结构说明，两者在进化史上关系密切。节肢动物的体节已愈合成不同的部分，这些体节各司其职，分别负责感知、进食、运动和繁殖等等。在加拿大西部的中寒武统伯吉斯（Burgess）页岩层中，曾发掘出体型庞大的节肢动物，身长达3英尺（约0.9米）。甲壳类动物也属于节肢动物门，最初都是水生的，包括虾、藤壶和蟹类（图78）等等。在节肢动物化石中，介形虫化石具有重要的地层指示意义，是地质学家进行地层划分的重要依据。

蛛形纲多数为陆生动物，包括蜘蛛、蝎子、大蚊、蜱类和螨类。古生

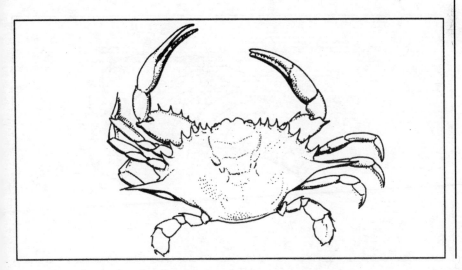

图78
蟹，甲壳类动物

111

代海洋中生活有一种巨型的海蝎，它们有着巨大的钳子，身长可达到6英尺（约1.8米）。另外一种已经绝灭的蛛形纲动物——板足鲎（图79）生活于奥陶纪至二叠纪的海洋之中，身长同样可达6英尺（约1.8米）。它们的后裔开始转移到陆地生存，主要以甲壳类动物为食。

昆虫纲是节肢动物门中最大的一个分支，也是动物界最大的一个纲，它们的普遍特征是胸节长有三对足和两对翅。长有翅膀的昆虫体重很轻，缺少耐腐蚀或硬度较大的硬质体，所以不易保存为化石。在一种特殊的情况下，昆虫可以被完整地保存为化石，那就是琥珀。当昆虫被树液包裹以后，如果外界条件适宜，树液硬化以后就形成琥珀。昆虫的外壳多为几丁质，有些种类具钙质或磷酸钙质的外壳，这种外壳大大增加了昆虫体作为化石保存下来的几率。

三叶虫（图80）是寒武纪最具代表性的生物，出现于早寒武世早期，兴盛于早古生代。由于三叶虫广泛存在于古生代地层之中，它们可以作为一种重要的标志性化石，是地质学家划分地质年代的重要依据。三叶虫被认为是现代鲎类的祖先，大部分三叶虫身长约半英寸至4英寸（约1.27～10厘米），有些奇异虫属可以长到2英尺（约0.6米）。

三叶虫身体扁平，披以坚固的背甲。背甲从结构上可分为头甲、胸甲和尾甲三部分，而整个背甲又由背沟纵向分为一个轴叶和两个肋叶，形似树叶，因而得名三叶虫。三叶虫在成长过程中要经历多次蜕壳，蜕下的外壳可

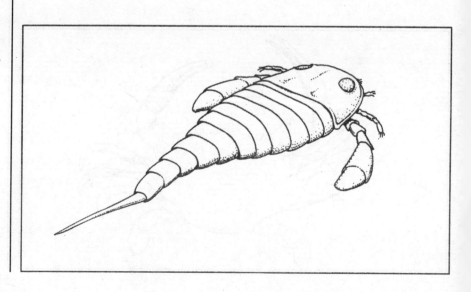

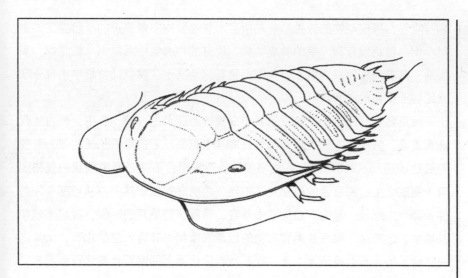

图80
三叶虫，最早出现于
寒武纪，灭绝于古生
代末期

保存下来成为化石，但常不完整。三叶虫蜕壳时，虫体沿头甲背面裂开的蜕壳缝蜕出。在某些情况下，蜕壳缝如果开裂的不充分，会导致三叶虫的蜕壳过程有些缓慢。蜕壳完成后，三叶虫需要一段时间使外壳再次变得坚硬，这时正是它们的天敌捕食的大好时机。

古生物学家们发现三叶虫被埋藏时有时会蜷缩成一团，这时它们抵御外敌的一种自我保护措施。在这些蜷成一团的三叶虫身上经常可以发现一道圆形的咬痕，而且多分布在右侧。科学家们推测这也许是由于三叶虫的重要器官主要生长在身体左侧，当它们遇袭时，它们选择将右侧身体暴露出来以保护左侧身体的重要部位。这样一来，它们的身体右侧就会很容易遭受天敌的袭击，但存活下来的几率也变大了。

三叶虫一生中要经历几次的蜕壳过程，所以一个三叶虫经常会留下不止一幅外壳，从而大大增加了它们保存下来成为化石的几率。节肢动物自寒武纪（或许更早）出现，部分属种一直延续到现在。

棘皮动物

棘皮动物这一名称来源于希腊语，意为"多刺的皮肤"，是无脊椎动物中最高级的一类。棘皮动物成年个体多呈双辐射或五辐射对称，触手由身体中心向外辐射生长。它们拥有一套独特而复杂的水管系统，用于运动、捕食和呼吸等。棘皮动物的分类系统是所有无脊椎动物中最复杂的，已鉴定的逾21个纲，包括现存和灭绝的棘皮动物。现存的种类包括海星纲、蛇尾纲、海胆纲、海参纲和海百合纲五个大纲。化石记录显示，棘皮动物最早出现于寒武纪甚至更早的前寒武纪。

海百合类（图81）是棘皮动物中规模较为庞大的一种，在中、晚古生代非常繁盛，其中有些种类至今仍可在海洋中见到。它们有着长长的茎，有些可长达10英尺（约3米），茎由很多钙质圆盘组合而成；通过根状附属物固着于海底之上。海百合的萼部与茎相连，内脏器官位于其中。从萼部向外的伸长部分为腕枝，是海百合的取食器官，当腕枝舒展开的时候，看起来就像海底生长的花朵。海百合类和它们的近亲海蕾都保存有大量的化石，尤其是海百合茎的化石数量最为丰富，在石灰岩风化面上的海百合茎化石看起来就像是一连串的植物种子（图82），非常漂亮。

海星是一种现代常见的棘皮动物，并且在美国中部及西部的奥陶纪岩石中可见到其古代同类的化石。它们的骨骼由许多钙质圆盘组合而成，彼此连接不紧密，这就造成了在后期化石形成过程中很难保存完整的海星骨骼，所

图81
海百合类繁盛于中晚古生代海洋之中，延续至现代

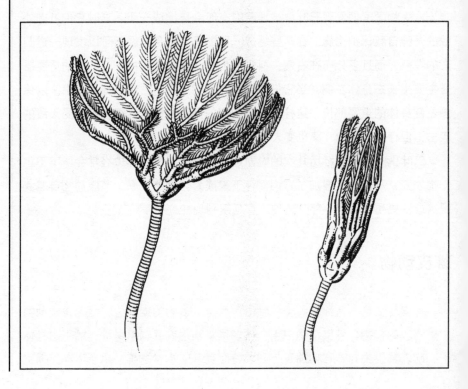

以海星化石比较少见。海参多肉刺，形似黄瓜，所以又称海黄瓜。海参发育由管状足演化而成的触手，用于捕食或掘穴。它们的骨骼同样由松散的钙质圆盘组成，化石不常见。

海胆纲是棘皮动物中保存有化石数量较多的纲，包括球海胆、心形海胆和饼海胆等。海胆壳体由钙质骨板紧密结合而成，壳体骨板多数辐射对称，规则的海胆多呈球形，体表多刺。一些高级的海胆可呈长筒形，双边对称。海胆多生活于表面长有海藻的岩石间，海藻是它们主要的食物来源。由于海胆的生活环境沉积作用较弱，并且有些海胆还常被波浪带到海滩之上，如饼海胆，所以它们的化石数量非常稀少。

通过对比化石样本的研究，古生物学家可以将古生物进行分类，但是有一些看起来非常怪诞的化石实在让古生物学家很头疼，无法将其归入现有的分类系统之中。怪诞虫（图83）就是这样一种古生物，它们长有7对很尖的支脚以帮助它们在海底行走，身体上部长有7对触手，每只触手都长有

图82
德劳宁克里克组石灰岩中发现的嵌齿轮状海百合茎化石，位于肯塔基州弗莱明县（美国地质调查局提供，R.C.麦克杜威尔拍摄）

图83
发现于伯吉斯页岩中
怪诞虫

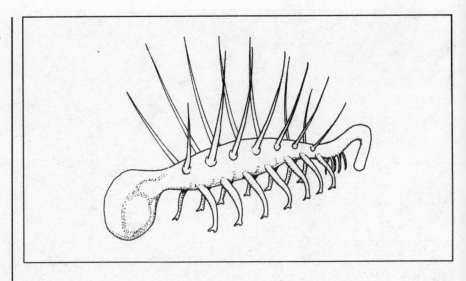

口。另外一种说法是，这些长有口的触手实际上是脚，背部长有的尖锐刺状物实际上是它们防御外敌的武器。还有一种很奇特的动物头部长有5只眼睛，前部长有用于捕食的触手，尾部有竖直的翼帮助它们改变在海底的运动方向。

笔石是一种看起来很像植物的海生动物，其″树枝″之上长有成列的杯状胞管。笔石呈单枝或多枝状群体，大部分浮游生存，少部分固着于海底生存，其形状有点像灌木丛。在早古生代的黑色页岩中可以见到大量的笔石化石，这种黑色页岩在世界范围内分布很广，是用来追索早古生代地层最重要的依据。普遍认为笔石类绝灭于3亿年前的晚石炭世，在现代海洋中可以见到的羽鳃纲动物是笔石纲动物的近亲，所以也被认为是″活化石″。

牙形刺是一种独特的化石碎片，从2.05亿年到5.2亿年期间的古生代海相地层普遍都可见到这种化石。19世纪的古生物学家对这种牙齿状化石的来历感到很疑惑，它们出现于晚寒武世至三叠纪的所有岩层之中。但由于牙形刺个体微小，且只是某个未知物种身体结构的一小部分，所以很难将其分门别类。

直到1983年，古生物学家在苏格兰发现了一种长相似鳗鱼的古生物化石，其中发现了牙形刺化石，由此揭开了牙形刺的身世之谜。据推测，牙形刺是一种不太常见的软体动物——八目鳗类鱼中的骨质部分。化石是研究古生物的基石，古生物学的重大进展往往都是来自新化石的发现。脊椎动物所特有的眼肌化石的发现具有重要的意义，这个小小的化石将脊椎动物的起源时代一直回溯到了寒武纪。

脊椎动物

脊椎动物是脊索动物门中的一个亚门，为脊索动物中最高等的一类。在脊椎动物中，脊索仅在胚胎发育过程中出现，随即被脊柱所取代。最初的脊椎动物没有颌部、对鳍或者真正的脊椎，有点像现代的海鳗。鱼类是海生脊椎动物的代表性种类，进化很完善并且种类丰富。原始有头类被认为是脊椎动物的祖先，它们演化出了头部这一重要器官，一般具有一对触觉器官、三分的脑部和其他一些在无脊椎动物中无法见到的特征性器官。

脊椎动物最早出现于5.2亿年前的寒武纪，它们具有由硬质骨骼或软骨组成的内骨骼，这一变化是生物史上具有里程碑意义的一次进步。内骨骼的出现使得游泳生物的身体更加结实，它们的活动范围变得更加广阔。附着于内骨骼上的肌肉组织为脊椎动物提供了更加强劲的动力，同时它们的身体变得更轻、更灵活。相比之下，无脊椎动物笨重的外壳让它们变得更加笨拙，生长缓慢。甲壳类动物在生长过程中需要进行蜕壳，而蜕壳后的动物体极易遭受天敌的捕食。

早期的脊椎动物是一种蠕虫状的生物，其背部发育有刚性（脊索应当是弹性的，而非刚性的——译者注）的类似脊柱的杆状物，称为脊索。脊索可以对躯体起一种支撑作用，内脏器官和肌肉组织都得到了有力的支持。肌肉组织呈带状整齐地依附于脊柱之上，骨骼和角质层等硬质结构以关节与脊柱相连，伴随着肌肉组织有规律地收缩运动。

再后来的脊椎动物演化出了用于平衡运动姿态的尾和鳍，以及可以提高运动速度的流线型外形，看起来就像鱼雷一样。相对于移动缓慢的无脊椎动物来说，脊椎动物灵活、稳固的身体使其具有更大的活动空间和更强的适应新环境的能力，早古生代大量的原始鱼类化石正说明了这一点。

原始鱼是一种体型微小、无颌的鱼类，大小与鲦鱼差不多，身体外部覆以骨质的甲片。这些甲片可以有效防御各种无脊椎动物的攻击，但是却造成了它们运动上的不便。沉重的甲片使得它们的生存环境局限在海底附近，以过滤泥沙中的食物颗粒为生。排泄物出口为喉道两侧的狭缝，这些狭缝后来演变成了鳃。经过长时间的进化，原始鱼开始具备了长有牙齿的颌部，厚重的甲片变成了轻薄的鳞片，侧鳍也出现在身体的腹部以平衡运动姿态。还有鱼鳔的出现，为鱼类的游行提供了更大的便利。

鱼类在约4.6亿年前进化出了颌部，这给它们的取食方式带来了革命性的变化。其中一些体型较为庞大的鱼类成为了当时的海上霸主，占据了食物链最顶端的位置。颌部的出现带给了海洋脊椎动物捕食的利器，同时也是某些鱼类后来能够登陆演化成为陆生动物的重要原因。在鱼类演化出颌部以后，鳃也逐渐进化完整。鳃是鱼类的呼吸器官，鱼类将海水吸入口腔以后，在鳃瓣的挤压作用下，海水经过口腔后部的鳃叶后排出。鳃叶中的血管可以将水中的氧气吸收到血液之中，同时将血液中的二氧化碳排出体外。具颌的鱼类捕猎时可以紧紧地通过上下颌咬住猎物，这一特点使得一些凶猛的鱼类成为了海中的杀手，即使是大型的鱼类也难逃被猎杀的厄运。由于这些"捕食利器"的大量出现，在一定程度上造成了寒武纪一度占据统治地位的三叶虫的大量减少以至绝灭。

泥盆纪含有数量丰富的鱼类化石，种类繁多，以至于泥盆纪又被人们称为"鱼类时代"。鱼类占据了已经灭绝以及现存的脊椎动物数量的一半以上，包括无颌鱼类——海鳗、盲鳗等；软骨鱼类——鲨鱼、鳐鱼、老鼠鱼等；以及硬骨鱼类——鲑鱼、箭鱼、小梭鱼、鲈鱼等。现存的鱼类都可以在泥盆纪的鱼类中找到它们的祖先，但并非所有的泥盆纪鱼类都留有后嗣，比如身长可达30英尺（约9米），外观吓人的盾皮鱼等。

空棘鱼是一种具六鳍的古老鱼类（图84），曾被认为绝灭于8,000年前。而在1938年，人们在南非的开普敦第一次发现了活体空棘鱼，它们生

图84
现代空棘鱼，与它们生活于4.6亿年前的祖先相比并没有发生显著的变异

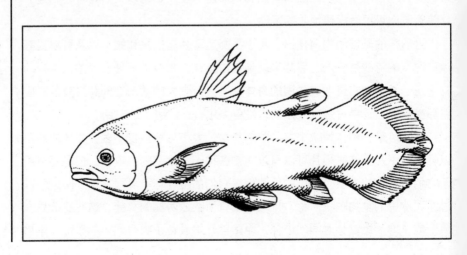

图85
科学家们正在加利福尼亚州克恩县鲨鱼齿山上搜寻鲨鱼牙齿化石 （美国地质调查局提供，R.W.派克拍摄）

活在远离海岸的深水之中。这种鱼有着肥厚宽大的尾鳍和前鳍，长有牙齿，鳞片厚而坚硬，使得它们看起来似乎更像远古来客。最令人惊奇的是，经过4.6亿年的漫长演化，它们的外形特征几乎没有发生大的变化，可以称得上是鱼类中的〝活化石〞。

鲨鱼最早出现于泥盆纪，一直延续到现代，可见其适应环境能力之强。与其他鱼类不同的是，鲨鱼具有软骨，这使得它们行动更加敏捷，速度更快。可惜的是，这种软骨不易保存为化石，古代鲨鱼能够保留下来的只有它们的牙齿而已，泥盆纪岩层中可以见到大量的鲨鱼牙齿（图85）。在生物分类系统中，与鲨鱼比较接近的是鳐鱼，它们身体扁平，胸鳍展开成翅状，宽可达20英尺（约6米），尾部呈细长的鞭状。

古生物学家认为，陆地脊椎动物是由鱼类演化而来的，最明显的证据就是泥盆纪的总鳍鱼类和肺鱼。总鳍鱼类（图86）具有叶状的鳍，鳍骨与整个鱼骨是连在一起的，为以后演化为四肢提供了方便。它们能同时用肺和鳃进行呼吸，这一特点使得它们成为了登陆先遣军，演变成了后来的两栖类和爬行类的祖先。

蛇颈龙是一种从陆地回归海洋的陆生爬行类动物，它们可见于中生代的海洋之中。另外还有一些恐龙，包括看起来像海牛的盾齿龙等，它们都选择

图86
两栖类动物的祖
先——总鳍鱼类

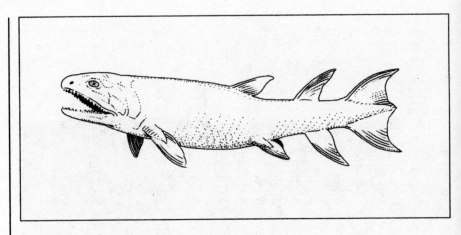

海洋作为它们的栖息之所。

鲸类动物包括鲸鱼、海豚等，是直至中新生代才出现的物种。海豚拥有很高的智商，是海洋动物中最聪明的动物之一，这与当时稳定的海洋环境有一定的关系。海獭、海豹、海象及海牛等动物由于不能适应长时间的海洋生活，保留了一部分陆地动物的特征。

鲸鱼的生活习性同鱼类包括鲨鱼都很相似，但在其早期演化阶段则与海豹有些类似，具有两栖性。演化至现在，鲸鱼已经是一种完全的海洋哺乳动物了，它们的近亲不在海上，而是陆地上的偶蹄类动物，包括牛、猪、鹿、骆驼、长颈鹿等。现在鲸鱼的祖先据推断出现于5,700万年前，是一种具有四肢的两栖类哺乳动物，它们可以在地面上行走，同时也能生活在河流和湖泊之中。所以最早的鲸鱼是在淡水中生存的，在一开始向海洋迁移的过程中，由于不能马上适应高盐度的海水，它们往往选择近岸水域生活，这样就可以在它们需要的时候回到河流的淡水环境中去。由生活于4,000万年前的远古齿鲸进化而来的蓝鲸是目前世界上已知的体型最大的动物，甚至已经灭绝的恐龙在它面前都要显得相形见绌了。

鳍脚类动物是一种具有鳍状肢的海洋哺乳类动物，现存的鳍脚类动物包括海豹、海狮和海象等。无耳海豹又称"真海豹"，由远古鼬鼠类或水獭类演化而来，而海狮和海象与古代熊类关系密切。鳍脚类动物的祖先起初生活在陆地之上，在数百万年前才开始进入海洋，它们的四肢渐渐演变成了既可以游泳也可以行走的鳍状肢。

通过本章的介绍，相信你已经对千奇百怪的远古海洋生物有了一个大致的了解。下一章我们将和你一起去探寻远古陆地生物的奇妙世界。

6

陆相化石

认识远古陆地生物

　　进入寒武纪以后，地球的自然环境开始改善，动植物在短时间内大量出现，地质上称为"寒武纪生命大爆发"，大量的动植物化石也在那时开始形成。有人称寒武纪为"海藻的时代"，但是由于海藻质软不容易保存为化石，所以这一说法并没有充足的化石证据。在前寒武纪和寒武纪地层中发现有大量的孢子化石，孢子是植物所产生的一种具繁殖作用的细胞，说明当时海洋中已经有高等植物出现了。但是除了孢子以外，并没有发现其他有意义的化石证据。在寒武纪到奥陶纪这段时间内，人们发现的植物化石基本上都是藻类，这些藻类同如今生长在海滨的藻类有些类似。当部分海洋动物登上陆地，逐渐演化成陆地动物以后，大地上开始出现勃勃生机，森林开始出现在地球陆地上的各个角落。

在大约4.5亿年前，陆地上开始有生命活动。而在之前的大部分地质历史时期内，地球上虽有生命迹象，但却从未踏足陆地，这是为什么呢？科学家们推测这可能是由于当时的氧气含量太低，没有形成臭氧层。臭氧层位于距离地面25～30英里（约40～48千米）的高空大气层中，可以过滤一部分太阳光中对生命组织有破坏作用的紫外线。由于缺乏臭氧层的保护，早期的地球生命只好生活在海洋之中，海水成了它们抵挡紫外线的保护伞。直到大气层中的臭氧达到一定浓度以后，照射到地球陆地和海洋表面的紫外线大量减少，生命才有机会到陆地发展。这对于今天的我们来说有着很大的警示意义，如果人类继续不加节制地向大气中排放污染性气体的话，臭氧层会不断减少以至回到地球早期的状态，那时的陆地将再也见不到生命活动，一切重归荒凉和死寂。

陆地植物

陆相化石在数量和种类上都要远远少于海相化石，因为陆地上发生沉积作用的地方比较少，而且风化侵蚀严重，所以造成了大部分动植物死后很难形成化石。不过陆地上还是有绝佳的化石保存环境的，比如沼泽和湿地，在那里可以形成数量丰富，保存完好的植物化石（图87）。除了原始的藻类和细菌以外，植物大致可以分为两类：一类是苔藓植物门，主要是苔藓类；另一类是维管植物门，主要包括长有根、茎、叶、花的高等植物。

在陆地植物开始大量出现以前，一种叫做蓝绿藻的植物已经在陆地上出现了。它们在地面上蔓延开来，像是给大地铺上了一层薄薄的绿色地毯，这种情况一直持续了数亿年。这些低等植物对地球生态环境的改善做出了巨大的贡献，使得地球可以满足那些更高等的植物的生存需求。这些蓝绿藻死后可以转化为有机肥料，使大地变得肥沃，还有一些微生物可以将土壤改造成黑色的瘤状土丘，里面含有植物生长所需的丰富养料，这些都为陆地植物的大量出现提供了条件。

第一批出现在陆地上的植物是藻类、海草和暴露在地表之上的地衣及苔藓，前者主要生活在潮间带的浅水环境之中。随后出现的是一种叫做裸蕨的微小蕨类植物，这些不起眼的蕨类却是以后出现的高大乔木类植物的祖先。

图87
阿肯色州华盛顿县上波茨维尔统岩层中发现的植物化石　（美国地质调查局提供，E.B.哈丁拍摄）

裸蕨植物生活在潮间带环境之中，处于一种半淹没状态，缺少根系及叶部。它们的繁殖主要依靠孢子，性成熟的孢子会掉落到海水之中，由海水将其带到合适的环境并在那里"落地生根"。早期的陆地植物最高不过1英寸（约2.54厘米），它们就像地毯一样铺满了大片的陆地。

　　在植物进化过程中的一个重大转折就是维管的出现，维管可以为植物输送水分和养料，这种有效的疏导系统使得维管植物成为了最繁茂的陆生植物。早期的维管植物包括石松、蕨类植物和楔叶类植物。石松属植物包括石松和鳞木等，是最早发育根系及叶子的植物。石松植物的叶小，枝呈螺旋状，孢子生长于叶腋处，具孢子的叶片可以发育成球果。鳞木（图88）是一种高大的乔木类植物，其笔直的树干之上布满了叶片脱落后形成的鱼鳞状叶座，故称之为鳞木。鳞木树干粗直，可高达100英尺（约30米）以上，是二叠纪重要的成煤原料。

　　植物通过光合作用制造碳氧化合物作为它们的养料，而光合作用只有通过叶片才能进行。随着植物的不断进化，叶片开始大型化，植物会尽可能地使树叶更多地接触阳光，比如改变叶片的排列方式或者数量等等。但是，在

图88
石炭纪森林中常见的
高大木本植物——鳞
木

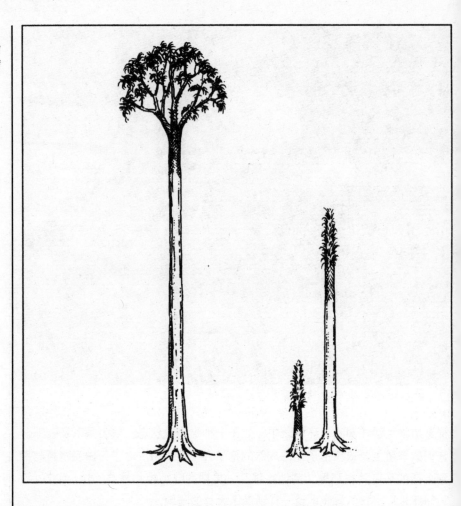

可以充足地进行光合作用的同时，还必须应对另一个困难，那就是承受更多的由叶片带来的空气阻力。只有那些将枝叶进行最佳组合的植物才最具有竞争力，可以使叶片最大限度地接触阳光而同时尽可能不"招风"。现代的松树就是这样一种植物，与之相似的物种最早出现于5,000万年前，之后一直繁衍生息直至现在。

在古生代的超级大陆——联合古陆的北部多山地区，生长着茂密的针叶树、楔叶类植物及石松林，高度可达30英尺（约9米）。内陆地区一般都具有季节性气候，一年之中从酷暑到寒冬气温变化很大。就像现在的中亚地区，那里的草原会随着季节的变化一岁一枯荣。在草本植物还未出现的时候，灌木林地区主要是一些星点状分布的楔叶类植物及丛状的种子蕨

（现已灭绝），楔叶类植物有点像现在的竹子，而种子蕨则与现在的树蕨有些类似。

随着热带地区变得更加干旱和石炭纪沼泽地的日益减少以至消失，在2.8亿年前的二叠纪初期，大量的石松类植物开始成批地死亡，气候的恶化使得这一物种几乎消失殆尽。现今的石松类植物仅存于热带地区，外形与草相似。后来，气候开始重新变得湿润，沼泽地也恢复了生机，大量的称为树蕨的杂草状植物开始繁盛起来，整个古生代的湿地都可见到这种植物的身影。

真蕨类植物最早出现于泥盆纪，中生代最盛，很多延续至现代。这种植物喜湿润气候，现代种仅分布在热带地区，部分的古代真蕨类植物可以长到数米甚至更高。一些种子蕨类植物化石可以为大陆漂移提供重要证据，如生活于二叠纪的舌羊齿的化石。这种植物的叶片化石（图89）在南方冈瓦纳古陆上非常普遍，但却很少发现于北方的劳亚古陆，说明在二叠纪时期二个超级大陆已经被特提斯海所分开。

裸子植物包括苏铁类、银杏属和针叶树类，最早出现于二叠纪，这种植物的种子由于无果肉包裹而呈裸露状，故称裸子植物。苏铁类植物类似现代的棕榈树，具大型羽状复叶，在中生代十分繁盛并且遍布各个主要大陆。这种植物由于叶片肥大且无毒，是食草类恐龙的主要食物来源之一。银杏植物在现代仅存于中国和日本，发现于中国东部的银杏（maidenhair tree）据已知的证据来看属于最古老的种子植物，是名副其实的活化石。同样繁盛于中生代的针叶树可以长到惊人的高度，其中一些甚至可以达到400英尺（约120

图89
舌羊齿叶片化石，是大陆漂移理论的佐证之一

米）。已发现的针叶树硅化木（图90）直径最大可达5英尺（约1.5米），长度达100英尺（约30米）。

　　植物界中规模最大的门类当属被子植物门，也称有花植物门。被子植物最早出现于白垩纪初期，似乎是大自然对其眷顾有加，被子植物的发展非常迅猛，在白垩纪末期就广泛分布于世界各个大陆。直到今天，被子植物已经发展成为具有27万余种的大型植物门类，在植物界占绝对统治地位。被子植物包括乔木、灌木和草本植物等。鲜艳的花朵和甘甜的花蜜吸引着各种各样的传粉昆虫，由这些昆虫帮助它们完成授粉过程。很多被子植物的繁衍必须依靠动物才能完成，它们的种子被美味的果皮所包裹着，当动物们将整个果实吃进肚子里以后，无法消化的种子将被排出。这些种子随着动物的足迹走遍世界各地，在不同的地方生根发芽，繁育后代。

　　最早的被子植物个体高大，形似木兰。但在澳大利亚发现的最古老的被子植物化石却是草本植物，这对传统的关于被子植物祖先个体大小的问题提出了挑战。在进入生命演化舞台以后的短短几百万年之内，被子植物迅速脱

图90
怀俄明州黄石国家公园中的硅化木，图中的三棵最著名的硅化木位于斯拜斯蒙里奇的北斯卡普（美国国家公园管理局提供）

颖而出，击败被子植物和蕨类植物，成为植物界的主力军。被子植物具有先进的导管系统，可以有效地传导水分，使得它们可以在干旱的环境里生存。而在这种导管系统出现以前，植物的生长环境仅仅局限于湿润地区，比如雨林中的湿地等。

现今植物界的绝大部分在大约2,500万年前的第三纪早期就已出现，当时被子植物已经占据了植物界的统治地位。草类是非常成功的一种被子植物，它们是有蹄类哺乳动物的主要食物来源。作为生物界食物链的最低端，草类养育了众多的食草动物，又间接地为食肉动物提供了食物，可谓自然界默默无闻的奉献者。

两栖动物

第一批从海洋进入陆地的动物是甲壳纲动物，这种分节的生物是现代物种千足虫的祖先。最初的陆地生物群落中有很多节肢动物，它们为以后大型掠食性动物的登陆提供了充足的食物来源。千足虫的祖先登陆后不久，更加大型化、更加高级的物种——板足鲎类也从海洋转移到陆地之上，前者由于个体小、行动迟缓，很容易成为板足鲎的盘中餐。像板足鲎这种掠食性动物起初生活在近岸处，后来随着苔藓和地衣在陆地逐渐繁盛起来，它们也开始踏足陆地。最初进入陆地的掠食性动物由于缺少竞争者及天敌，发展速度相当惊人，个体也逐渐大型化。

随着大规模森林的出现，树叶及其他可食用部分对于很多昆虫的祖先来说不再触手可及。为了解决食物危机，起初为了降温而进化出的翅膀被赋予了新的功能——飞翔，借助翅膀拍动带来的动力，昆虫可轻易地飞到树木的树冠层获取食物。在获取食物的同时，昆虫也躲避了当时大量出现的两栖类动物的捕杀，可谓一举两得。

在两栖类大规模出现以前，陆地上的湖泊和溪流之中就已经有淡水无脊椎动物及鱼类生存了。水生脊椎动物在世代繁衍的水域中生存了近1,600万年以后，其中一小部分开始向陆地发展。在淡水湖泊中生活着一种肺鱼的近亲（图91），当湖泊发生季节性干涸的时候，这种鱼类必须在到达下一个有水湖泊之前用原始的肺进行呼吸。

两栖鱼类在岸上逗留的时间不能太长，因为软弱的鳍状肢无法长时间支

撑它们那沉重的躯体，它们必须尽可能快地回到海水之中。当它们的四肢进化得更加粗壮有力的时候，两栖鱼类的活动范围开始变大，它们可以到达沼泽或者小溪这种甲壳类和昆虫较多的地方进行捕食。两栖鱼类是两栖动物的祖先，其进化历程被化石很好地记录了下来。

总鳍鱼类被普遍认为是两栖类动物的祖先，它们不惜冒着生命危险到陆地上去寻找食物，岸上丰富的甲壳类和昆虫是令它们垂涎的美味。总鳍鱼类上岸的时间大约是3.8亿年前，那时正处于泥盆纪。为了适应长时间的陆地生活，总鳍鱼类的肉鳍渐渐演化成了强壮的更适宜行走的四肢。这一变化扩大了它们的栖息地的范围，它们可以在沼泽地或溪流的周边四处游荡，寻找更多的猎物。直到大约3.35亿年前的密西西比纪早期，总鳍鱼类成功地演化成了两栖动物（图92）。两栖动物仍然无法脱离水环境，它们需要时刻使皮肤保持湿润。像鱼类一样，两栖动物繁殖后代的方式仍然是卵生，它们将卵产在水中，幼体经过一段时间在水中的生活后才可以上岸。

最早的四足动物是一种叫做棘鱼类（图93）的动物，长相类似蝾螈。它们的眼睛长在扁平头部的上方，这样就方便了经常匍匐在水底沙土里的棘鱼随时观察猎物的行踪。棘鱼的前肢具有八趾，是最原始的肢体。但是它们的四肢并不能使它们在陆地上自由行走，原因是它们的腹部十分脆弱。解剖学证据显示棘鱼类用鳃呼吸，而且只适合在湖泊的水底爬行。

鱼石螈是一种非常古老的陆地脊椎动物，属于最早的两栖动物之一。它们一半时间生活在水中，一半时间生活在陆地上。鱼石螈个体大小与犬类相当，具有与鱼类相似的扁平宽阔的头部，尾部上方长有鳍用来游泳。鱼石螈发育有坚固的胸腔，用于保护内脏器官在陆地上颠簸时不受伤害。它们原始的四肢可以勉强支撑着整个身体行走，每个后肢均具有7个脚趾。另外一些两栖类的脚趾数为6个或8个不等，说明陆生脊椎动物在演化过程中存在着诸多不稳定因素。但有一点可以确定的是，任何的陆生脊椎动物的真趾数均不超过5个。棘鱼和鱼石螈这些两栖类动物的前肢骨粗大而臃肿，而后肢则向侧面舒展，不利于支撑身体，这些特点造成了它们在陆地上行走非常艰难。

在大约3.3亿年前，四足动物分化为两支。一直发展成两栖类动物，另一支发展成爬行类、恐龙、鸟类和哺乳类。其中一些两栖类具有坚固的、长有牙齿的颌部，体型似蝾螈，可长达数英尺。还有一些身长约2英尺（约0.6米）的两栖类，具有类似犰狳的铠甲，以泥土中的蚯蚓和蜗牛为食。

最初的两栖类动物行动迟缓，动作笨拙，这对于它们的捕食非常不利。为了能够填饱肚子，它们练就了一项独门绝技，那就是将带有黏液的舌头迅速伸出，粘到猎物后再闪电般地收回口中，之后大快朵颐。这种本领使得行

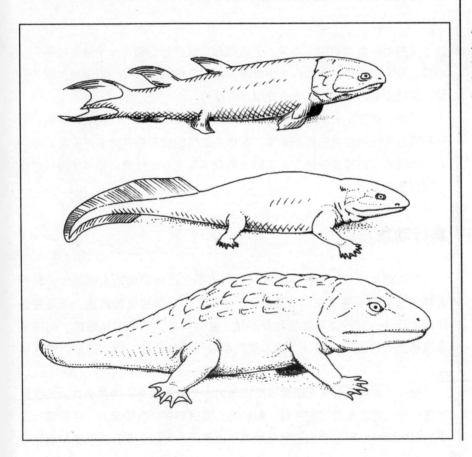

图92
总鳍鱼类（上）到两栖鱼类（中）再到两栖类（下）的演化，图中非实际比例

图93
棘鱼类，生活于泻湖
之中，爬行生活

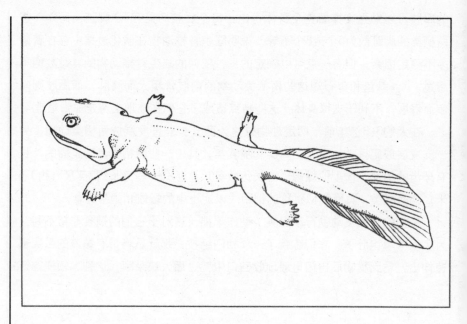

动不便的两栖类动物如虎添翼，迅速崛起。但是它们还有一个致命的弱点，那就是对水的依赖。所以在古生代末期地球开始变得干旱，沼泽地、湿地开始逐渐减少的时候，两栖类也开始走向没落。

　　三叠纪初期，大部分扁头类两栖动物绝灭殆尽，取而代之的是蟾蜍、青蛙和蝾螈等现代常见的两栖动物。两栖类动物的化石保存得多不完整，因为它们的骨骼系统较为复杂，许多细小的骨头在成岩过程或后期风化侵蚀过程中很容易丢失。

爬行动物

　　在两栖类以后，爬行类取代了它们占据了陆地动物的主体地位。爬行类基本上完全不需要在水中的生活，而且它们的四肢更加发达，更适宜在陆地上行走。爬行类动物的足具五趾，趾端具爪。它们的趾朝前，而不是像两栖类一样向四周散开，所以爬行类较两栖类敏捷，行走速度更快甚至可以奔跑。

　　爬行类动物一般具有鳞片以防止体内水分向外散失，而两栖类的皮肤具有透气性，可以帮助它们呼吸。两栖类必须时刻保持皮肤湿润，才能维持正常的机体功能；所以它们的栖息地不能离水源地太远。爬行类动物的卵具有防止水分蒸发的硬壳，这样它们就可以将卵产在陆地上，相比之下，两栖类的卵则必须产在水中或潮湿的地方。这样一来，爬行类动物的栖息地范围就远远大于两栖类，并且最终使得它们在中生代占据了地球的统治地位。爬行类动物对它们的卵及年幼的子女关怀备至，防止它们遭受天敌的侵袭，这种护子行为在以前较低级的动物中是很少见到的。

同鱼类和两栖类一样，爬行类也是冷血动物。但是，爬行动物的血并不总是冷的，这取决于它们的生存环境的温度，由于它们自身没有调节体温的功能，所以只能同周围环境的温度保持一致。通过观察可以发现，爬行动物在早晨或夜晚气温较低的时候身体活动性较弱，等到白天气温上升才是它们舒展开筋骨，自由活动的时候。所以，中生代的高温气候对爬行类的繁盛起了相当重要的作用。由于爬行动物不需要调节体温，它们所消耗的能量比同体型的哺乳动物相比就要少很多，进而它们所需要的食物量也较哺乳动物要少。

爬行动物全盛时期，地球上海、陆、空到处都可以见到它们的身影，是当之无愧的地球霸主。由于陆地空间有限，一些爬行类转而回到海中发展，如似海牛的楯（同"盾"）齿龙、似海蛇的蛇颈龙以及似海豚的鱼龙（图94）等。这些动物体型庞大，以鱼类为食，迅速成为了当时海上的霸主。一些蜥蜴和海龟也在这个时候进入海滩，成为了海洋爬行动物，很多种现代的海龟都是那时的海洋爬行动物的后裔。

早期的爬行类有很多都是大型动物，如麝足兽，身长可达16英尺（约4.8米）。在繁殖季节性成熟的公麝足兽之间为了争夺交配权会进行角斗，

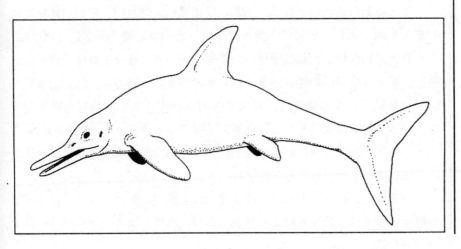

图94
鱼龙，是一种从陆地回归海洋的爬行类动物

图95
翼龙，统治中生代的
天空达1.2亿年之久

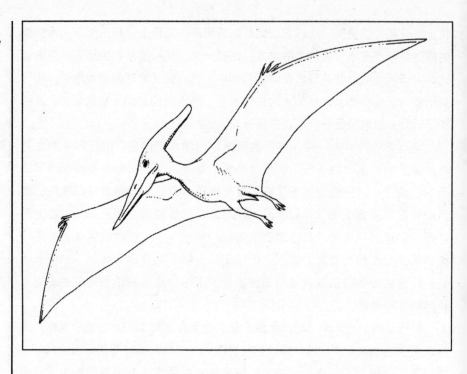

图95
翼龙，统治中生代的
天空达1.2亿年之久

所以它们的头骨都异常坚硬。它们主要以成群的雷赛兽为捕食对象，雷赛兽大小似犬类，具有长长的突出的犬牙。植龙是一种大型的掠食性动物，披以坚固的铠甲，牙齿锋利，异常凶猛。这种动物类似鳄鱼，四肢短小，尾巴很长，口鼻部突出，但是在生物演化序列上两者并无很紧密的联系。它们都由槽齿动物演化而来，与恐龙属于同一祖先。植龙在晚三叠世繁盛，发展迅猛，于三叠纪末绝灭。

在所有爬行动物中，翼龙（图95）是相当引人注目的。它们的翼展宽达40英尺（约12米），相当于一架小型飞机，它们统治整个天空达1.2亿年之久。翼龙的翅膀构造同蝙蝠很接近，趾骨很长，其上覆有由身体两侧长出的薄膜。起初，翅膀的功能并不是飞翔，而是使身体保持凉爽，当它们感觉热时，就扑动双翼给身体降温。经过长时间的演化，它们的后肢变得更加发达，翅膀结构更加完善，在后肢强有力的推动下，再加上风力的帮助，翼龙逐渐学会了飞翔。在刚开始学会飞的时候，它们大概只能像滑翔机那样在上升气流的推动下做一些短距离的滑行。

在三叠纪即将结束的时候，爬行动物大家庭中又多出一个新成员，那就是鳄鱼。鳄鱼可以适应多种生存环境，水栖、两栖、陆栖，样样都行。其中一种海生鳄鱼具有15英尺（约4.5米）的身长，头部呈流线型，尾部似鲨鱼尾，呈船桨状的四肢可以用于游泳。19世纪的古生物学家们发掘出的第一批爬行动物化石中就包括了鳄鱼化石，它们成为了支持达尔文进化论的有力证据。著名的鳄鱼化石的发现地拉布拉多地区（图96）在白垩纪曾经是一个异常温暖的地区。

恐龙

　　恐龙由槽齿动物进化而来，槽齿动物是恐龙、鳄鱼和鸟类的共同祖先。其中，鳄鱼和鸟类直至今天仍然非常繁盛。槽齿动物中有几支回到了海中，以各种鱼类为食，包括植龙属和鳄目。植龙绝灭于三叠纪，而鳄鱼则存活到现在。槽齿动物具有似羽毛状的鳞片，用于绝热和防止水分蒸发，这种鳞片后来逐渐演化成了鸟类的羽毛。具有原始翼的鸟类可以用鲜艳的翅膀吸引异性及保持体温，在这一点上几乎与现代鸟类无异。

　　恐龙大致可以分为两大类：一类是蜥脚类恐龙，大多是食草性动物，另

钦利组

鳄鱼齿化石发现地

图96
犹他州尤因塔山脉中的钦利组岩层中含有大量的鳄鱼化石，说明那里在白垩纪时曾是一个非常炎热的地区

一类是食肉类恐龙。并非所有的恐龙都是庞然大物，一些体型稍小的恐龙甚至比现在的很多哺乳动物的个头还要小。迄今为止发现的最小的恐龙脚印仅有一分硬币大小。小型的恐龙的骨骼是中空的，这点与鸟类相似。有些恐龙具有细长的后肢和柔弱的前肢，脖颈细长，与现代的鸵鸟极其相似，除了它们那长长的尾巴。

许多小型的恐龙可以仅用后肢来支撑身体，这使得它们的动作更加迅猛和灵活，而且解放出来的前肢可以用来做其他事情，比如捕猎。一些体型较大的两足食肉恐龙是恐龙里的奔跑健将，异常凶猛，比如霸王龙（图97）。霸王龙是地球上存在过的最凶猛的食肉动物，后肢强劲，牙齿锋利无比，是天生的杀手。它们经常成群结队地捕猎，以食草性恐龙为食，其中包括鸭嘴龙。霸王龙在中生代动物世界里的地位如同狮子在现今野生动物界中的地位

图97
霸王龙，地球上出现过的最凶猛的肉食动物

134

一样，是当之无愧的王者。

食肉恐龙狡猾而且凶猛，根据它们的颅骨化石可以推测其脑容量相当大，具备一定的智力。速龙是一种常见的食肉性恐龙，善于奔跑，爪尖齿利。古生物学家根据它们的进食习惯推测这种恐龙应该属于温血动物。同时，速龙也是鸟类的近亲。

在当今古生物学界里存在一种争论，即恐龙到底是温血动物还是冷血动物。主张恐龙为温血动物的一派认为小型恐龙的骨骼与鸟类相似，而后者为温血动物，所以他们推测恐龙也应该属于温血动物。而且恐龙在幼年期成长迅速，这一点同哺乳动物相似。在一些恐龙头骨化石中还发现了在温血动物中才具备的鼻甲骨，种种证据似乎都表明恐龙应该是温血动物，而非冷血动物。

一些肉食性恐龙行动敏捷，必须要消耗很多热量，所以它们的新陈代谢速度必须非常快，这一点只有温血动物才可以做到。而且恐龙的很多复杂的社交行为被认为是传承于温血动物。另外据推测，有些恐龙是胎生的。这种种猜测都使人们倾向于认为恐龙就是温血动物，但最大的疑点在于为什么在白垩纪末期气候急剧变冷的时候，很多温血动物可以存活下来，而恐龙却无一幸免？所以，关于恐龙是温血动物还是冷血动物的说法至今仍无定论。

侏罗纪时期的地球环境非常适宜恐龙的生长，那时候的恐龙都很长寿，整个南方大陆——冈瓦纳古陆到处可见体型庞大的恐龙。侏罗纪温暖的气候促生了大量的葱翠的绿色植物，包括蕨类和苏铁类，这些美味多汁的植物为食草性恐龙提供了丰富的食物来源。食草性恐龙数量的增加，也带动了食肉性恐龙的发展，整个侏罗纪生机盎然，一片繁荣景象。

雷龙和腕龙属于蜥蜴类动物，它们有着细长的脖颈和尾部，前肢长于后肢，体型庞大，因其速度快而得名"闪电蜥"。已知的体型最大的恐龙身高可达5层楼的高度，重可达80吨。身长最长的恐龙当属震龙，外号"撼地者"，身长可达140英尺（约42米），细长的颈部和鞭状的尾巴是身体上长度最大的部分。

大部分恐龙中的巨无霸都是食草动物，它们胃口惊人，每天都要消耗巨量的纤维素。用来消化食物的胃必须足够大，才能满足这些大家伙的热量需求。它们也会像现代鸟类一样吞食一些碎石，以帮助它们将粗大的叶片磨碎方便消化。这些恐龙死后，它们的胃中就会留有很多已经被磨圆的石头，这种石头在美国西部的中生代沉积岩中比较常见。

爬行类动物的体型愈来愈大型化，庞大的身躯可以帮助它们将身体温度长时间地保持稳定。这样，短时间内的温度变化就不会对它们造成明显的影响。如果不是地心引力的影响，恐怕恐龙还要长得更高更长。根据测算，体型增大一倍，骨骼所承受的压力就要增长到原来的四倍。所以，生活在海水中的恐龙以及现代的鲸类，由于水的浮力作用影响，使得它们的生长受重力的限制比较小，体型较陆地动物更加庞大，即使陆地上最大的恐龙也无法与之相比。

食卵龙是一种以其他恐龙的卵为食的恐龙，形似鸵鸟，无翅，颈部稍短，尾部较长。在一次化石发掘行动中，食卵龙同数十个整齐摆放的恐龙蛋被一同发现，据猜测，当时食卵龙是被一场巨型沙尘暴所掩埋。为了保护自己的恐龙蛋不受伤害，食卵龙用身体覆盖住整个装有恐龙蛋的巢，但大自然的力量是无法阻挡的，漫天的黄沙很快将这只食卵龙和它的卵淹没，亿万年后变成了我们今天看到了化石。

在这次化石发掘以前古生物学家们也发现过很多的恐龙蛋及恐龙幼体化石，但恐龙和恐龙蛋同时被发现还是首次。那只食卵龙死亡时的姿势很像是在孵蛋，它将恐龙蛋置于自己身体之下，是出于何种目的？是因为沙尘暴的原因，还是它正在孵化幼龙，或者是不让它们忍受太阳的炙烤，人们只能作出各种猜测。在戈壁滩上发现的这一窝恐龙蛋和成年恐龙化石至少可以说明恐龙对它们的蛋是爱护有加的，这种保护后代不受外界伤害的行为与后来出现的鸟类十分相似，人们猜测鸟类的这种做法正是遗传自中生代的恐龙。

年幼的恐龙会得到父母的百般呵护，所以大部分的小恐龙都能平安长大。恐龙父母会细心地将食物送到小恐龙口中，而且当它们在树林中穿梭的时候，小恐龙会被放到整个队伍的核心位置，得到最大限度的保护。身高可达15英尺（约4.5米）的鸭嘴龙（图98）生活在南北半球的极地地区，它们的环境适应能力极强，不仅可以在寒冷的极地生存，在适当的时候，它们还会迁移到遥远的较为温暖的地带并很快适应。恐龙被认为是比较聪明的，它们可以应对各种环境变化带来的生存压力，这也是它们能够称霸地球如此之久的重要原因。

中生代的地球完全成为了一个恐龙王国，世界各地分布着无数的由恐龙占统治地位的生态群落。迄今为止发现的恐龙种类大约有500种，但这个数目应该会远小于实际数目。世界上各个主要的大陆都有恐龙存在过的证据，

图98
鸭嘴龙。在阿拉斯加
发现的鸭嘴龙化石说
明当气候变冷时恐龙
开始了向南的迁徙

恐龙化石也为大陆漂移理论提供了有力的支持。侏罗纪时期的大陆漂移造成了很多恐龙迁移路线的改变，联系各个大陆之间的只有为数很少的几个大陆桥，海水成为了恐龙迁移不可逾越的障碍。大陆漂移还造成了洋盆格局的变化，进而改变了洋流的方向，对大气环流也带来了很大的影响，地球的环境开始变得不再像以前那样稳定，给恐龙的生存带来了很大的负面影响。

白垩纪时期，连同恐龙在内的70%的物种相继绝灭。发生于中生代末期的这次生物灭绝事件持续时间可能超过了100万年，许多恐龙和其他一些物种在很久以前就出现了衰落的迹象。这其中包括曾经活跃各个大陆的三角龙（图99），它们的队伍非常庞大，科学家们猜测由于三角龙的过度繁盛，给其他的物种的生存环境带来了灾难性的后果，是恐龙家族走向没落的诱因之一。但是究竟是什么原因造成了曾经称霸地球的恐龙彻底地从自然界消失，仍然是困扰科学家们的一大难题。

鸟类

鸟类最早出现于1.5亿年前的侏罗纪，也有学者认为应该更早（大约2.25亿年前）。在约1.35亿年前，鸟类开始逐渐分化成两支：一支为今鸟亚

137

图99
白垩纪末期，三角龙
遍布于世界各个大陆

纲，后来进化成为现代的鸟类；另一支为古鸟亚纲。鸟类与鳄鱼和恐龙一样都是从槽齿动物进化而来的，所以鸟类又被称为"飞翔的爬行动物"。

"始祖鸟"化石（图100）是迄今为止发现的年代最久远的鸟类化石，始祖鸟个体大小与现代的鸽子相当，被认为是鸟类和爬行类之间的过渡属种。1863年，在德国的巴伐利亚省发现了始祖鸟的羽毛化石，在这之前，人们一直以为这种动物属于一种小型的恐龙。始祖鸟属于古鸟亚纲，胸骨无龙骨突，具齿、爪及骨质的尾，除去羽毛外，其骨骼特点与爬行类相同。据古生物学家们推测，始祖鸟的羽毛所起的作用也许仅仅是绝热，并不能使它们真正地飞翔。

由于始祖鸟的骨骼构造特点，它们无法实现长距离的飞行，只能扑打着双翅作一些短距离的跳跃式飞行，就像现代的家禽一样。鸟类的飞行技能是不断地在捕食与逃亡中训练出来的，最初它们的翅膀可以帮助它们在跑动中获得更大的速度，后来随着骨骼重量的减轻，翅膀的力量才足以把它们送上天空。

鸟类属于温血动物，卵生，新陈代谢速度快。同冷血动物相比，温血动物消耗的能量更多，恒定的体温使得它们受环境影响较小，即使在夜间也可以行动自如。研究发现，一些白垩纪的鸟类骨骼具有生长环，而这种生长环是冷血动物所特有的，这就说明了早期的鸟类或许仍属于冷血动物的范畴。

许多晚白垩世（大约7,000万年前）之前的鸟类仍然具有牙齿和翅膀上的爪，这些爪可以帮助它们爬到较高的树上，从那里它们可以方便地起飞。当鸟类掌握了飞行的本领以后，它们的数量开始迅速增加，它们的竞争对手——翼指龙也逐渐退出了生命舞台。

在鸟类中也出现了一些"回归派"，在恐龙消失以后，它们发现在陆地上生活比在空中飞行要容易得多，所以它们选择重返陆地。也有一些鸟类进入了海洋，例如企鹅，它们主要生活在南极地区。为了生存需要，一些鸟类可以实现在水中的短时间的停留以捕捉鱼类，然后带着猎物重返天空。

哺乳动物

在哺乳动物和爬行动物之间存在一个过渡种类，称为类哺乳爬行动物，其典型代表是水龙兽。水龙兽化石发现于南极地区，这种动物长有巨大的尖头向下的獠牙，在泛古陆内分布广泛。还有一种类哺乳爬行动物——二齿兽，长有一对长长的犬牙，以河岸边的小型动物为捕猎对象。

在大约3亿年前，盘龙属成为第一个从爬行动物纲中脱离出来的动物属

图100
始祖鸟，是一种介于爬行类和鸟类之间的过渡性物种

种。其中的异齿龙（图101）身长达11英尺（约3.3米），背部具有巨大的扇形帆状物，可以用来调节体温。当气候开始逐渐变暖的时候，盘龙属背部的帆状物慢慢消失。盘龙属在繁衍了将近5千万年以后，其数量逐渐减少，另外一种类哺乳爬行动物——兽孔目爬行动物开始盛行起来。

　　兽孔目保留了盘龙属的许多身体结构特征，例如适合快速爬行的四肢等等。它们的体型变化较大，最小的只有老鼠般大小，最大的可以长到河马一样。兽孔目最早出现于晚二叠世，那时候的冈瓦纳大陆正好是冰天雪地，说明兽孔目有可能是温血动物，否则它们庞大的身躯将无法适应如此寒冷的天气。兽孔目动物没有冬眠习性，科学家们在它们的骨骼化石中尚未发现反映骨骼生长速度变化的生长环，这种生长环同树木的年轮类似，可以反映动物在一年之中生长速率的变化。

　　随着更高级的兽孔目的动物越来越多地进入更加寒冷的地区生存，它们身上的鳞甲逐渐被更加温暖的毛皮所取代。兽孔目同爬行动物一样以卵生的方式繁育后代，但不同的是，它们会亲自对卵进行孵化并细心照料幼体直至它们成年。兽孔目在恐龙出现之前统治地球达4,000万年之久，后来随着恐龙的繁盛，它们选择在夜间活动以避免与恐龙发生正面冲突，这样的夜行习性一直保留到白垩纪末。

　　类哺乳爬行动物在大约1.6亿年前消失，取而代之的是真正的哺乳类动

图101
异齿龙，属于盘龙目。在地球上存在了3亿年之久，其背部的帆状物可以用来调节温度

图102
拉皮德城南达科他矿业学院地质博物馆中展出的哺乳动物骨骼化石

物。早期的哺乳动物属于真兽亚纲，是所有现代哺乳动物的祖先，包括有袋动物和有胎盘哺乳动物等。在哺乳动物出现后的1亿年内，它们演化出了很多适合陆地环境的身体结构特征，但是除了牙齿以外，它们的头部骨骼特征同爬行类仍无太大差异。生活于1.5亿年前至8,000万年前的三锥齿兽是一种初级的原始哺乳类动物，据猜测它们可能是卵生的单孔目哺乳动物的祖先，其现代代表是鸭嘴兽和针鼹。

哺乳动物的特点包括具四心室的心脏，单块骨头组成的下颌，高度分化的牙齿，发达的脑，哺乳等。哺乳动物的脑容量在所有动物中是最高的，它们的智慧可以帮助其在恶劣的生存环境中寻找立足之地并逐渐统治整个地球。哺乳动物在海、陆、空全方面发展，足迹遍布整个地球生物圈。

现存的哺乳类动物约有18个目，许多大型的、外表怪异的古老哺乳类动物消失于距今约3,700万年的始新世末期，当时地球正开始急剧变冷。随后，真正的现代哺乳类动物（图102）开始不断出现，新生代多样的气候环境和复杂的地形地貌给这些哺乳类动物提供了多样的生存空间，同时也是一种挑战。

大陆的漂移将许多哺乳动物分离开来，使得某些哺乳动物只能出现在特定的地区。比如，包括鸭嘴兽在内的单孔目哺乳动物只发现于现今的澳大利亚，这种卵生的哺乳类动物严格来说应该划分为类哺乳爬行动物。鸭嘴兽因具有与鸭子类似的细长而扁平的嘴部而得名，卵生，脚趾具蹼，尾部扁平宽阔。有袋类哺乳动物也是澳大利亚所特有的物种，腹部的育儿袋可以保护刚出生的幼体。它们的祖先诞生于1亿年前的北美洲，后途径南极洲到达澳洲（图103）。同样诞生于北美洲的骆驼最早出现于早中新世，在大约200万年前的更新世冰河期时经过露出海面的众多大陆桥到达其他大陆。

图103
8,000万年前，有袋类动物开始从北美洲向世界上其他大陆迁徙

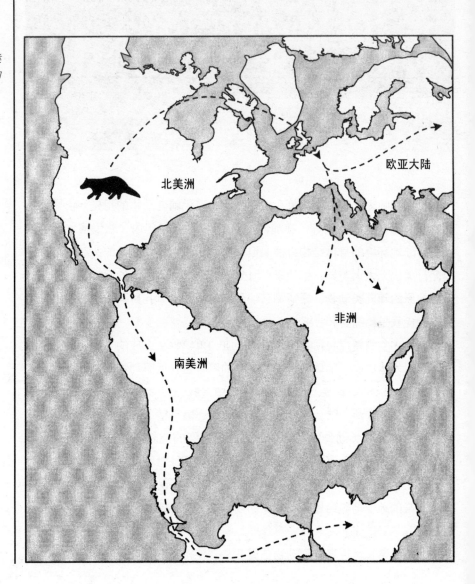

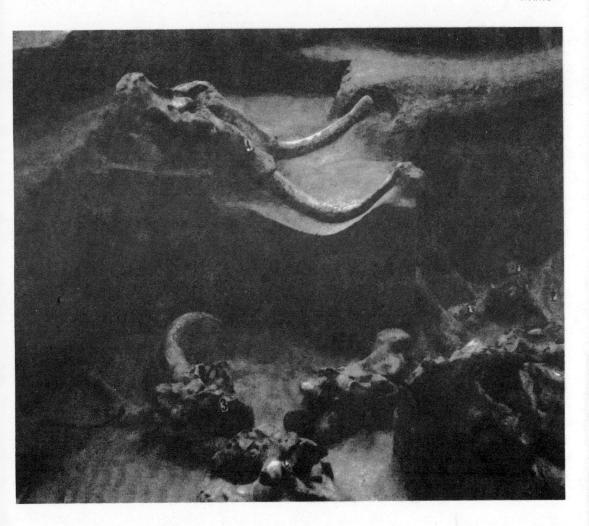

图104
南达科他州温泉城的
猛犸象遗址

　　马最早出现于始新世的北美洲西部，当时它们只有现在的犬类一般大小。随着时间的流逝，它们的脸部开始变长，牙齿也变得更适宜咀嚼，具趾的足慢慢演化成蹄，体型也开始变大。为了生存的需要，很多动物都发展了自己的"秘密武器"，比如长颈鹿那长长的脖子和大象的鼻子，使得它们可以吃到很高树枝上的叶子。这种因适应环境需要而发生的器官的特化，在动物界中屡见不鲜，在此不一一赘述。

　　在最近的一次大冰期，大象的近亲——猛犸象和乳齿象，以及巨型的树懒和剑齿虎活跃于北半球广大未被冰雪覆盖的区域。由于气候类型比较单一，这些动物的食物来源比较充足且缺少天敌和其他竞争对手，使得它们的体型变得非常庞大。当冰河退却，气候开始变暖的时候，森林面积不断减少，草地开始增多，这些大型动物的食物链受到破坏，不久便被其他哺乳动物所取代。另外有观点认为，这些大型哺乳动物的绝灭是受人类活动的影响，人类的出现伴随着大规模的狩猎，使得行动缓慢的大型哺乳动物成为首选的猎杀对象，数量不断减少直至消失。在世界上很多地方发现的成堆的骨骼残骸（图104）可以为后一种观点提供佐证。

通过前面几章的介绍，我们大致了解了各种化石及其在地质历史研究中的重要作用。在后面的章节中，将向大家介绍各种矿物及其在地质研究中的应用。

7

晶体及矿物
岩石的基本组成格架

从这章开始，我们把目光和讨论的焦点从化石转移到矿物。矿物是一种均一的物质形态，具有独特的化学组成和晶体结构。晶体是矿物在生长过程中有序生长并形成几何多面体形态的固体。绝大多数矿物可以发育完好的晶体，而这种晶体结构可以很好的用来区分不同的矿物。自然界中最常见含量最丰富的矿物是石英和长石，这两种矿物组成了大多数的除碳酸盐岩以外的岩石。在一个岩浆体冷却过程中，具有不同晶体结构的不同矿物会先后从岩浆熔体中结晶分离出来。经过矿物结晶分离过程的残留熔体演变成富含高度挥发性的成矿流体，这种成矿流体穿过岩浆房周围的围岩便形成了富集各种矿石的矿脉。

图105
蛇绿岩中的富金属块
状硫化物矿脉 （美国
地质调查局提供）

在岩浆房中，一些粒度大比重高的结晶矿物会沉在岩浆房的底部形成颗粒非常粗的花岗质岩石——伟晶岩。伟晶岩一词来源于希腊语，表示坚硬固结的意思。除了从岩浆中分离结晶，矿物还可以通过热液（热水）交代作用形成，特别是在大洋地壳中热液成矿尤为常见。在世界许多地方，富含矿物的洋壳通过与大陆碰撞被抬升到地表，在这种构造环境中形成的蛇绿岩套含有丰富多样的矿床(图105，106)。

图106
蛇绿岩在世界范围内
的分布图

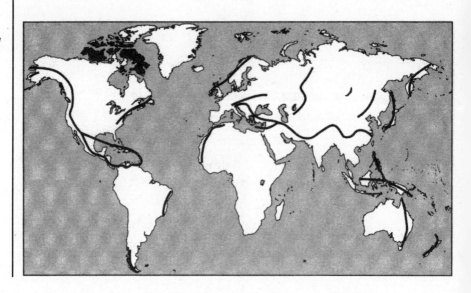

大多数矿物是由两种或两种以上化学元素形成的化合物，例如石英由元素硅（Si）和元素氧（O）组成的硅氧化合物（SiO_2）构成。长石是自然界中最常见的矿物，其含量几乎占据了整个地壳的一半。相对来说，长石的化学组成就要复杂一点，它主要的化学结构单元是铝硅酸盐，并包含金属元素钾（K）、钙（Ca）和钠（Na）其中的一种。有时单种化学元素也可以形成金属矿石，比如金属铜以及非金属矿石，比如硫矿石，而这些单元素矿石一般与火山作用有关（图107）。比较常见的单元素非金属矿石是石墨。石墨是碳元素（C）在自然界中最常见的一种表现形式。石墨具有典型的层状结构，层内的化学键强度和金刚石的化学键强度相当，然而层间的化学键强度却非常弱，所以这也是石墨非常软并且可以用来制作铅笔芯和润滑剂的原因。

什么是晶体

晶体是在三维空间中各种不同的原子和分子通过有序排列形成的，原子的相对大小决定了原子的排列方式以形成各种不同的矿物。在晶体中，原子被放置在一种叫做空间格子的重复单元中，空间格子构成了晶体的最基本结构单元并且其中原子的分布规律总是相同的。由于氧元素的含量最高并且通常组成最大的分子，所以氧元素在晶体生长过程中起着至关重要的作用。晶体通过在一个模版或者晶核上连续不断的加载分子层而生长，从而形成每个矿物特有的结晶平面——晶面。例如，在一个含有超高盐度的氯化钠溶液的容器中，将一个微小的氯化钠晶体浸没在溶液中，最终这块氯化钠晶体可以生长成一块大岩盐晶体。

在晶体中，原子一般通过离子键结合。原子通过电离可以形成带正电的正离子和带负电的负离子，正离子一般被负离子包围。由正离子和其周围的负离子组成的离子簇可以形成规则的形状。在规则的形状中负离子，通常情况下是氧离子，占据多面体的顶角位置。常见的多面体包括四面体，立方体以及八面体。由于将分散的原子核聚集在一起的电子能非常强大，所以晶体看起来似乎非常坚硬非常稳定。然而，即使坚硬的晶体如果暴露在类似地球中心附近的压力条件下，晶体的体积也会被压缩从而减少原来的一半甚至更多。关于晶体另一个有趣的现象是晶体成长过程中存在竞争。如果一个晶体的生长空间由于周围其他晶体快速生长而变得拥挤时，这个晶体将有可能不规则生长甚至完全停止生长，这种情况非常常见，也是自然界中缺乏大型晶

图107
火山喷气口附近的硫矿（美国地质调查局提供）

体的原因。

　　石英是最为常见的硅氧化合物矿物，石英晶体的基本构造单元是一个四面体（图108）。硅原子占据四面体中心，其周围分布四个氧原子，占据四面体的四个顶点（图109）。每个四面体与相邻的四个四面体共享其四个顶点从而形成一个连续的三维空间框架。这个三维空间框架非常坚固，所以形成的石英晶体也是自然界中硬度最大的矿物之一。

在二维平面模型中，六边形的中心被一个原子占据，而六边形的六个边则与其周围最近的六边形共享。这种六边形是晶体结构中最基本的结构单元，晶体可以看作是这种六边形的重复堆砌形成的。晶体中各个部位的六边形具有完全相同的方位或队列。另外，如果将晶体中的所有原子通过平行直线连接起来，这些平行直线将会均匀地穿过晶体。在晶体中存在许多这种平行直线族，每个平行直线族具有不同的方向。把这些平行直线族放到三维空间中则演变成平面，即空间格子。

一般来说，每个晶体结构都具有一定的对称性，晶体外形的对称表现为相同的晶面，晶棱和顶角有规律的重复。比如说，如果一个晶体的空间格子

图108
大型石英晶体 （美国地质调查局提供，W.T.绍乐拍摄）

149

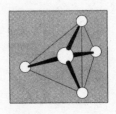

图109
石英晶体的基本结构——硅氧四面体

在旋转一个圆的1/3即120°时，其空间格子与未旋转时看起来完全一样，则这个晶体具有三倍旋转对称性。等边三角形便是具有这种三倍旋转对称性的很好的例子。同样，晶体也可以具有四倍旋转对称性（正方形）和六倍旋转对称性（正六边形）等。然而，值得注意的是自然界中晶体不可能具有五倍旋转对称性，这是因为具有五倍旋转对称性的形态比如说五边形是不可能紧密排列而不留下空隙的（图110）。自然界中，六边形结构相当普遍，比如蜂巢和玄武岩柱。

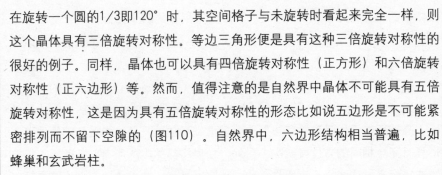

通常情况下，晶体可以通过晶体内部晶轴的数量，位置和长度进行分类（图111）。等轴晶系的晶体比如盐岩和方铅矿有三条正交垂直且长度相等的晶轴。而四方晶系的晶体比如锆石或者锡石虽然也具有三条正交垂直的晶轴，但其中只有两条晶轴长度相等。六方晶系的晶体非常普遍，石英和方解石都是六方晶系。六方晶系的晶体有四个晶轴，其中三个晶轴的长度相等并且相互之间夹角均为120度，而第四条晶轴与其他三条晶轴垂直并且长度不等。斜方晶系的晶体如黄玉和橄榄石具有三条长度不等的晶轴，三条晶轴互相垂直。单斜晶系的晶体比如石膏或者正长石具有三条长度不等晶轴，但其中两条斜交而第三条与另外两条垂直。三斜晶系的晶体比如斜长石和微斜长石则具有三条长度不等并且互相斜交的晶轴。

在矿物生长过程中，由于生长环境的差异，具有相同化学成分的矿物也会形成不同的内部晶体结构。最典型的例子就是石墨和金刚石。虽然石墨和金刚石都是由同种元素碳形成，但由于形成环境中压力、温度等因素的差异，最终形成了物理性质完全不同的两种物质：石墨是自然界中最软的矿物之一，而金刚石是自然界中最硬的矿物之一。有的时候，晶体可以形成晶簇或者双晶。双晶是两个或两个以上的同种晶体的规则连生，相邻两个个体的相应的面、棱、角并非完全平行，但它们可以借助对称操作旋转或反伸，使两个个体彼此重合或者平行。双晶可以彼此平行生长，也可以相反方向生长，还可以镜面对称的形式生长（图112）。在变质过程中，晶体可以通过重新排列晶体内部的分子但不破坏原来的晶体内部形状从而形成另外一种矿物。这个过程中，晶体的化学成分并没有发生变化，只是晶体内部分子的重排。另一方面，一个晶体也可以通过获得或者丢失某种化学元素但不破坏原来的内部晶体结构从而形成另外一种矿物。

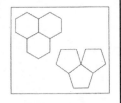

图110
六边形组合和五边形组合

晶体的属性或外形，比如立方体，八面体或者棱镜状，是晶体对温度、

晶系	立方晶系（等轴晶系）	四方晶系	六方晶系	斜方晶系	单斜晶系	三斜晶系
示意图	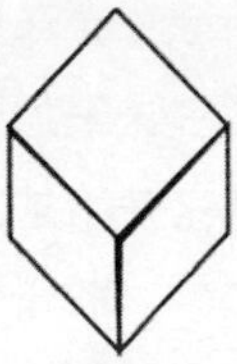		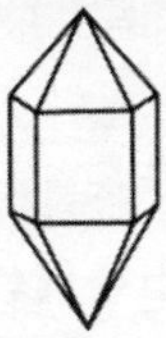	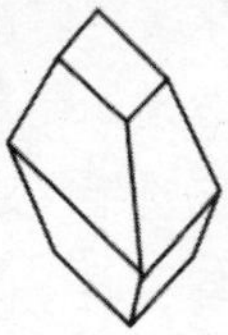	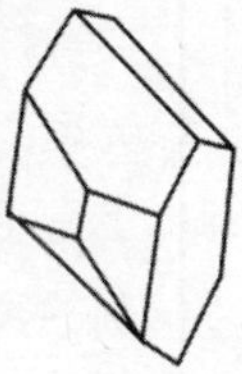	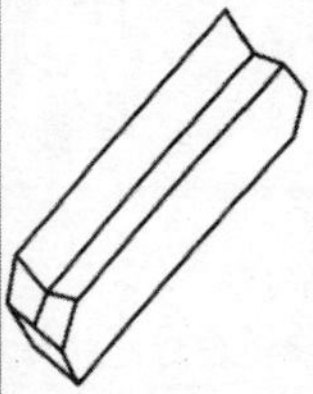
理想晶形	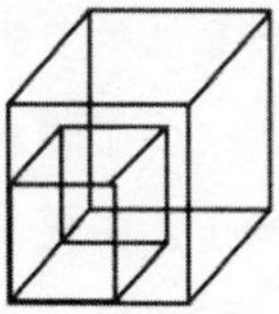	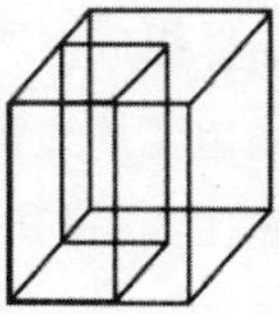	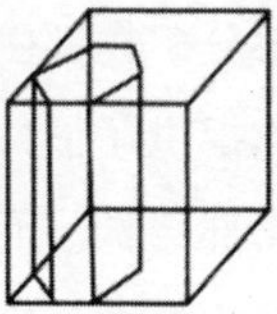	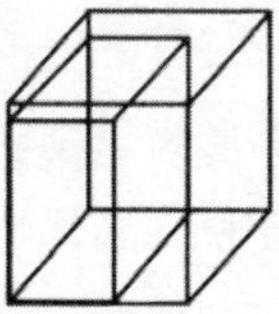	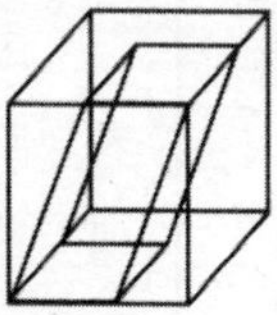	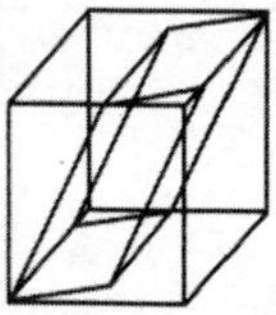
	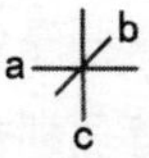 a—b c	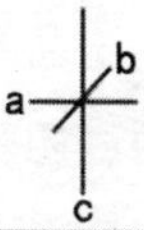 a—b c	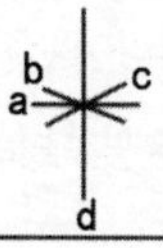 b—c d	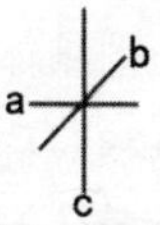 a—b c	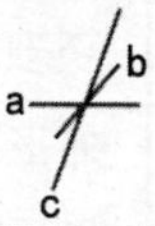 a—b c	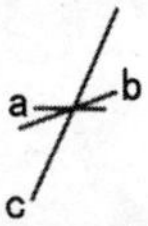 a—b c
晶轴类型	等角 a＝b＝c	a＝b≠c	a＝b＝c≠d	a≠b≠c	a≠b≠c	a≠b≠c
轴间角	90°	90°	60° 90°	90°	两个直角	无直角

压力以及其他一些地质因素的响应。有些矿物会显示特殊的晶体结构和形态，而有些矿物则很难发育完好的几何形态的晶体。从外部形态来看，晶体可以是棱镜状，针状，片状或者线状。晶体还可以呈现树枝状，网状，苔藓状以及星状。同时晶体还可以形成球状或者半球状，圆锥或者圆柱状以及同心圆状等。在某些条件下，晶体可以覆盖在一个表面上形成精密排列的细小晶体，这便是晶簇。另外，如果晶体的生长空间和时间被限制的时候，比如在岩浆快速冷却时，晶体没有足够时间生长，则晶体的粒度会非常小，只有在显微镜下观察才可以看到晶体。有些矿物是非晶质的，其内部的分子是无序排列的，因此被称作无定形或者基质。

图111
基于晶轴的晶体分类方案

图112
呈镜像对称的石膏晶
体

怎样识别矿物

通常情况下可以根据晶体的外形、颜色、光泽、硬度、密度、解理和断面等性质来鉴定矿物。某些矿物还可以通过其透明度、光泽度、坚韧度、闪光度、活泼性、荧光性、磁性、放射性甚至味道和气味来加以区分。除了以上常用的经验手段之外，随着科技的发展，地质学家开始越来越倚重精细准确的实验室仪器，比如电子探针、X射线荧光谱仪等，来分析矿物晶体的内部结构。

由于自然界中大部分矿物都由晶体组成，所以晶体的三维结构及其宏观表现的外形为识别矿物提供了很好很重要的线索。一个矿物表面的形态可以很好地反映其晶体的内部结构，而晶体的内部结构正是由化学组成控制，这样就可以间接的识别矿物的内部结构和化学组成。如果晶体生长过程中没有受到阻碍，则晶体可以生长成很完美的结晶晶体。有些晶体具有华丽梦幻的外形，颜色和对称性。这些晶体可以通过切割打磨等后期加工手段，制作成极具商业价值的宝石。

实际上，具有完美晶体的矿物在地球中是非常少见的。大多数矿物中的晶体由于生长条件的限制，只能长成很小的晶体，大尺寸的完美晶体是很少见的。巨晶则更加的稀有，并且通常只能在地壳深部才能形成。位于美国南达科他州基斯通附近的艾塔矿山上一个锂辉石晶体是目前世界上被发现的最大的晶体之一。锂辉石属于辉石的一种，主要由锂铝硅酸岩组成。这颗锂辉石晶体长度达42英尺（约12.6米），重达90吨。

除了晶体的形状常被用来识别矿物种类之外，晶体的颜色也是常用的鉴定手段。晶体的颜色是晶体对某种特殊波长的光吸收和反射的结果，它反映了晶体结构和化学组成，所以晶体的颜色是区分矿物种类非常重要的线索。通过观察矿物新鲜断面的颜色来识别矿物是一种被广泛应用且准确度很高的方法。有些矿物具有固定的颜色，即矿物的颜色不受外部条件的改变而改变。这类矿物包括方铅矿（灰色）、赤铁矿（红色）、硫磺（黄色）、蓝铜矿（蓝色）和孔雀石（绿色）等。而有些矿物可以显示多种颜色，比如石英。矿物的这种多色性主要由颜色矿物以及矿物的纯度决定。由于地表的风化作用通常会改变矿物的表面颜色，所以在识别矿物时，一定要选取新鲜的矿物或者把风化物去除掉才能得出准确的判断。

另外，某些矿物在粉碎后会显现另外一种颜色，当用无釉陶瓷制成的条纹圆盘刻划矿物表面时，掉落的粉末颜色与矿物表面颜色会有所差异。通过这种方法显示的颜色被称作矿物的条痕，条痕也是识别矿物的一个重要线索。一般情况下，非金属矿物的条痕要么无色，要么颜色非常浅，而金属矿物的条痕则非常深，有时候甚至与矿物本身的颜色不一样。比如说黄铁矿，黄铁矿呈浅黄铜色、表面常具有黄褐色，但黄铁矿的条痕呈黑色。

　　除了颜色之外，矿物的光泽也是一项重要的分类依据。矿物的光泽是指矿物表面对光的反射、折射以及吸收的能力。矿物光泽的命名一般都源自生活中常用的名词术语。比如说，金属矿物一般都具有金属光泽。金刚光泽指具有金刚石般的光泽。玻璃光泽则指那些看起来像玻璃的矿物。具有油脂光泽的矿物看起来有点油滑。当矿物看起来像树脂时，则该矿物具有树脂光泽。珍珠光泽用来表述那些呈现如同珍珠表面或蚌壳内壁那种柔和光泽的矿物。当矿物呈纤维状集合体时，则该矿物呈现丝绢光泽。呈粉末状或土状集合体的矿物，表面光泽暗淡如土，则是土状光泽。

　　矿物的硬度是指矿物抵抗外来刻划或者研磨等机械作用的能力，是鉴定矿物的重要特征之一。矿物的硬度范围由十种标准矿物组成（表9），该标准矿物表又称摩斯硬度计，是德国矿物学家弗莱德里奇·摩斯在1839年首次提出来的。在摩斯硬度计中，滑石是最软的矿物，硬度为1。滑石被用来制作润滑剂和滑石粉已经有几个世纪的历史了。金刚石的硬度为10，刚玉的硬度为9，但两者的实际硬度差异较大，而其他矿物之间的硬度差异在摩斯硬度计中是比较一致的。根据摩斯硬度计，我们可以通过比较给出一些常见物体的硬度，如手指甲硬度为2.5，铜币硬度为3.5，钉子硬度为4.5，小刀硬度为5.5，钢锉刀硬度为6.5。在鉴定矿物硬度时，需要注意的是矿物表面残留粉末和划痕是不同的，要经常清洗刮痕或者重复测试以保证结果正确。利用一种矿物刻划另一种矿物可以鉴定两种矿物的相对硬度。

表9　摩斯硬度表

1.滑石	6.正长石
2.石膏	7.石英
3.方解石	8.黄玉
4.萤石	9.刚玉
5.磷灰石	10.金刚石

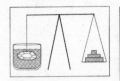

图113
物体在水中所称得的重量要比其在空气中的重量要轻，后者除以两者之差就是物体的比重

矿物的比重即相对密度是指该物质在标准大气压下与同体积的水的重量之比（图113）。如果某块矿物在空气中重2.0g，在水中重1.5g，则其相对密度为2.0/（2.0-1.5）等于4.0。这样，如果矿物的相对密度是4.0，则说明矿物的密度是水密度的四倍。因此，矿物的相对密度和密度在数值上是相等的。地壳中大多数非金属矿物的比重在2.5到3.0之间。而多数金属矿物的比重一般都大于5.0。金属矿物和非金属矿物的密度差异用手掂量掂量就可以很容易感受到。

矿物的解理、裂缝也可以指示矿物的内部结构。矿物受外力作用后，沿着一定的结晶方向发生破裂，形成光滑平面的性质称作矿物的解理。根据解理产生的难易程度以及解理面的数量和方向，可将矿物的解理分为五个等级：极不完全解理，不完全解理，中等解理，完全解理和极完全解理。通常情况下，用一个槌子进行敲打或者用小刀就可以鉴定出某种矿物有没有解理。云母是自然界中解理最完全并且非常容易辨认的矿物之一。云母可以很容易的解理成柔软的薄片状。珠宝学家们在切割打磨珍贵的珠宝和钻石之前，都要对宝石的解理性质有充分的了解，这样才能制作出高价值的珠宝。

当矿物没有解理面或者解理面很少时，在受外力情况下，矿物容易在任意方向破裂并呈凹凸不平的断面，即矿物的断口。多数矿物可以以不同的方式发生不规则破裂，且各种矿物的断口常具有一定的形态，因此可以用来作为鉴定矿物的一种辅助特征。贝壳状断口是一种比较常见的断口形状，贝壳状断口呈圆形的光滑曲面，面上常出现不规则的同心条纹，形似断裂的玻璃。金属矿物破裂时，其断口呈尖锐的锯齿状，称锯齿状断口。如果断口相当平滑，则矿物具有平滑状断口。而如果矿物断口面参差不齐、粗糙不平，则是参差状断口。纤维断口与树木断裂时的形态相似。如果断口面呈细粉状，则矿物具有土状断口。土状断口为土状矿物如高岭石等所特有的粗糙断口。

焰色反应是用来判断物质中是否含有某种化学元素的有效手段。取少量矿物在火焰中烘烤同时观察火焰的颜色，不同的金属元素可以形成不同的颜色。例如，钠元素可以显示亮黄色，铜一般根据不同的矿石类型而呈蓝色或者绿色，锶和锂会呈现强烈的深红色，钾元素则会呈现紫罗兰般的颜色。进行焰色反应试验时，一般用一个吹风管将火焰集中，这样有助于火焰集中在矿物的各个部位，以便判断某种化学元素存在与否。

其他的一些鉴定矿物的方法包括矿物的味道，例如可以利用舌头来鉴定岩盐；磁铁矿由于具有磁性，故可以利用磁铁来加以辨识；某些矿物被加热或摩擦时会带电，比如电气石；方解石遇到稀盐酸溶液会产生气泡；某些矿物吸收和放射紫外线过程中会产生荧光，利用这种性质，我们可以利用一束黑光紫外线来鉴定金属锌和钨；另外，具有放射性的矿物如钍和铀等可以通过衰变放射出粒子，利用放射计数器（图114）可以探测到这种放射性进而判断矿物类型。

造岩矿物

在大约2,000种已被认知的矿物中，为数不多的几种矿物组成了地壳表面的大部分岩石。有些矿物非常常见，在自然界中广泛存在，而有的矿物则非常稀有却极富经济价值。目前每年大约有40种新矿物被发现，但大部分新发现的矿物肉眼难以分辨。地质学家根据矿物的化学成分和晶体结构对矿物进行分类。主要的造岩矿物是硅酸盐类，硅酸盐是由钾、钠、铁、镁、铝或钙等金属元素与氧、硅相结合形成的化合物。硅酸盐矿物是最常见分布最广

图114
闪烁计，用来探测放射性矿物

的造岩矿物。表10给出了整个地壳中常见的岩石和矿物的含量。

长石（图115）是地壳中丰度最高的矿物，可以分为两大类：一类是含钠、钙的铝硅酸盐称为斜长石；另一类是钾硅酸盐，称为正长石和微斜长石。有时候长石可能会含有元素钡或其他一些不常见的金属元素，这种长石一般都比较少见。总的来说，长石是花岗岩和砂岩中的重要组成部分。另外，在一定的物理化学条件下，长石还可以分解成高岭石或者普通的黏土。正因为长石容易分解的这种性质，长石在制陶业中被广泛应用。长石晶体可以形成单斜晶系和三斜晶系两种空间结构（参见图111），一般情况下长石呈白色或者粉红至暗灰色，显珍珠到玻璃光泽。长石的硬度为6，比重在2.6到2.8之间。长石还具有两个几乎互相垂直的解理面，解理面上可见细条痕。

石英是除了长石之外最常见的矿物，属三方晶系，常呈无色透明（即水晶）、乳白色或灰白色等。石英因含杂质不同而呈现不同的颜色，如粉红色的玫瑰石英等。石英显玻璃光泽，断口油脂光泽。无解理，贝壳状断口。硬度为7，相对密度2.6。石英是火成岩、沉积岩和变质岩的主要组成部分。有些砂岩和石英岩甚至几乎全部由石英组成，比如圣彼得砂岩矿用来制作玻

表10　岩石和矿物类型及其丰度

岩石	丰度	矿物	丰度
砂岩	1.7	石英	12.0
泥岩和页岩	4.2	钾长石	12.0
碳酸盐岩	2	斜长石	39.0
花岗岩	10.4	云母	5.0
石英闪长岩	11.2	角闪石	5.0
正长岩	0.4	辉石	11.0
玄武岩、辉长岩	42.5	橄榄石	3.0
角闪岩、麻粒岩		页状硅酸盐	4.6
超镁铁岩	0.2	方解石	1.5
片麻岩	21.4	白云石	0.5
片岩	5.1	磁铁矿	1.5
大理岩	0.9	其他	4.9

图115
加利福尼亚州图奥勒米县约塞米蒂国家公园，图奥勒米河畔朗德梅多附近的长石晶体，最大的晶体颗粒直径达5英尺（约1.5米）（美国地质调查局提供，G.K.吉尔伯特拍摄）

璃的砂岩几乎是纯石英。在伟晶岩中石英晶形发育很好并且可以形成巨型晶体，有些可重达一吨以上。在碳酸盐溶洞中发育的蛋白石是石英的一种，由于具有美丽的花纹常被制作成工艺品或者宝石。燧石是一种隐晶质的石英，包括打火石、碧玉和黑硅石。

云母具有极完全解理，常见的有两大类云母：无色透明的白云母和黑色的黑云母。云母由于其非常容易解理成薄片状而闻名。大的云母薄片是良好的热和电的绝缘体。白云母是最常见的一种云母，在世界各个地方的矿床中均可见到。发育最好产状最完美的云母薄片产自印度。云母主要是由元素硅、铝、氧以及一些金属元素组成。在地表或近地表云母容易风化形成黏土。云母是层状硅酸盐矿物，其内部晶体结构可形成三八面体和二八面体。云母的硬度为2～3，比滑石和叶蜡石高。云母的相对密度与化学成分的变化有关，变化范围在2.7到3.0之间。云母能在不同的地质条件下形成，是常见的造岩矿物，可见于火成岩、变质岩和沉积岩中。伟晶岩中发育巨大的六边形云母晶体，可重达100磅（约45千克）。

角闪石族矿物属双链结构的硅酸盐，在自然界中分布很广。角闪石族矿物主要由含水硅酸盐和金属元素Ca、Mg、Fe和Al等组成。普通角闪石（Hornblende）是最常见的角闪石族矿物，同时也是角闪石族矿物中主要的造岩矿物。普通角闪石呈深绿色到黑绿色，条痕无色到白色，玻璃光泽，容易被风化形成黏土。正交晶系或单斜晶系。普通角闪石的硬度在5～6之间，比重2.9～3.2，具有两组斜交的解理。角闪石族矿物一般在基质或者镁铁质（低Si高Mg、Fe的岩石）火成岩或者变质岩中出现。

辉石是另一种与长石族矿物相似的复杂的硅酸盐矿物，主要由Ca、Mg、Fe和Al的硅酸盐组成。辉石是火成岩的主要组成矿物。普通辉石（Augite）是最常见的辉石族矿物并且是主要的造岩矿物。辉石晶体形态上呈短柱状，横断面呈正八面形。普通辉石有时也可呈粒状。辉石族矿物一般呈灰褐色、褐、绿黑色；条痕无色至浅褐色。两组正交完全解理。辉石族矿物的硬度一般在5～6之间，相对密度3.2～3.6。辉石在多数的基性火成岩和变质岩中均可出现，有些陨石中也含有辉石。

沸石族矿物虽然不是主要的造岩矿物，在自然界中分布却很广。沸石族矿物在化学组成上与长石很接近，主要由含水的铝硅酸盐及其他一些金属元素组成。沸石中的水分子比较松散，所以沸石在加热时容易沸腾并产生气泡，这也是其被称作沸石的原因。沸石多产于玄武岩溶洞中，与黄铁矿共生。亦见于流纹凝灰岩、流纹岩、凝灰岩裂隙中，与蛋白石共生。沸石的晶体结构由氧（O）原子占据四面体的四个顶角，四面体中心为硅（Si）或者铝（Al）原子。辉沸石是最常见的沸石类矿物。辉沸石属于单斜晶系，晶体呈白色、黄色、棕色或红色；玻璃光泽；硬度在3.5到4之间，相对密度为2.1。由于沸石容易与钙（Ca）或者钾（K）离子发生交换反应，所以沸石可以用作水的软化剂。炼油厂常用沸石将大的油分子裂解成小的油分子。

石榴石作为一类宝石的知名度要远比其作为造岩矿物的知名度高。石榴石虽然在火成岩和变质岩中占据的比重不大，其作用却非常明显。石榴石族矿物为一系列紧密相关的矿物，化学组成为金属硅酸盐，其中金属为Ca、Mg、Fe和Al。石榴石族矿物形态上属于六八面体晶族。常呈完好晶形，多单体。石榴石受化学成分的影响，可呈现从深红色到黑色、棕色、黄色以及闪耀的翠绿色等各种颜色。石榴石呈玻璃光泽，断口油脂光泽。解理不完全或者无解理。硬度为5.6到7.5之间；脆性，相对密度3.5～4.2。密度的大小与阳离子原子量相关，一般铁、锰和钛含量增加，相对密度增大。自然界中只有小部分石榴石可具有宝石价值，大部分是用来制作研磨剂。

橄榄石也是最常见的一类硅酸盐矿物。橄榄石的化学成分主要是铁镁硅酸盐，是暗色硅酸盐矿物中化学成分最简单的一种。在富含镁元素而缺少石英的岩石比如玄武岩和辉长岩中，橄榄石比较常见。橄榄石晶体一般比较小，具有和砂糖类似的晶体结构。在自然界中完好的橄榄石晶体比较稀少，但偶尔也有长达几英尺的橄榄石晶体被发现。镁橄榄石为白色，淡黄色或淡绿色，随铁含量增高颜色加深而成为墨绿色，一般的橄榄石为橄榄绿色。橄榄石呈玻璃光泽，透明至半透明。橄榄石硬度6.5～7，相对密度3.2～3.5。常见贝壳状断口。橄榄石是许多基性和镁铁质岩石以及变质岩的重要组成部分。

绿泥石是一种含水的铁镁质铝硅酸盐，具有单斜晶体结构。绿泥石一般由富含辉石，角闪石和黑云母的岩石风化改造而形成。绿泥石常呈暗绿色，也可见白色、棕色或黑色。具有完全解理，可以像云母一样解理成细薄片状。绿泥石薄片与云母均具有很好的柔韧性，但与云母不同的是，绿泥石薄片不具有弹性，故一旦变形之后不能再恢复原来状态。绿泥石具有玻璃和珍珠光泽，硬度2～2.5，相对密度2.6～2.8。绿泥石一般在变质岩中出现，比如低变质的绿片岩相岩石，也可出现在基性火成岩的孔隙中。

蛇纹石在化学成分上与绿泥石类似，也是一种含水的铁镁质铝硅酸盐。另外，蛇纹石还有可能含有少量的镍元素。石棉是一种纤维状的蛇纹石，是良好的电绝缘体。蛇纹石呈半透明到透明，颜色呈乳白色、绿色或黑色。具有油脂光泽和蜡质光泽，硬度2.5～4，相对密度为2.6。蛇纹石因为其具有斑驳的绿色，并且非常柔软容易被打磨成各种各样的装饰品，故而得名。佛得角大理石是一种特别漂亮的用于室内装修的深绿色蛇纹石，但它并不是真正的由石灰石变质而形成的大理石。

方解石是一种碳酸盐矿物，是组成石灰石的主要矿物。方解石可呈现犬齿状或者平滑的六边形晶体外形。一般呈无色或者白色，但由于含有杂质，方解石也可呈现黄色、绿色、橘黄色或者棕色。当方解石中的钙元素被镁元素替代时，方解石就会转变成白云石，其硬度也会随之增加。方解石呈玻璃光泽，硬度为3，相对密度为2.7，解理完全。石灰华是一种特殊的方解石晶体，常出现在碳酸盐热泉（图116）和溶洞中。方解石也常以脉状形态出现在火成岩中。方解石遇稀盐酸会产生大量的气泡，野外以此来鉴别石灰岩。

石膏是含水的硫化钙，常出现在干旱的条件下，由海水蒸发形成。石膏具有平坦或纤维状的单斜晶体结构，呈无色或者白色。石膏具有玻璃到油脂光泽，硬度为2，相对密度为2.3，具有极完全解理，可解理成柔软但无弹性

图116
怀俄明州黄石国家公园里富含碳酸盐的热泉和层状的钙华 （美国地质调查局提供，K.E.巴格尔拍摄）

的薄片。石膏可用于建筑材料，比如石膏板和墙板。早在14,000年前，居住在东亚的古人就开始利用石膏制作容器、装饰用的珠子以及雕塑，其应用历史要早于陶器。在黑色页岩中可以发现单颗粒的石膏晶体。一种致密厚实的石膏——雪花石膏常被用来制作雕刻装饰品。

岩盐是一种主要成分为氯化钠的矿物。纯的盐岩无色，当被污染时一般呈黄色、红色、灰色或者棕色。岩盐一般为透明到半透明，易碎，解理完全。通常呈粒状、纤维状或者立方聚晶晶体。硬度2.0~2.5，相对密度为2.3。在浅的停滞海水蒸发之后形成的层状矿床中，可以见到大量的岩盐。岩盐在海水中的沉降顺序位于石膏和硬石膏之后。盐是生活中必不可少的日用品，从古至今获取食盐的主要途径都是从海水中提炼。

赤铁矿是一种常见的矿石，一般呈血红色。赤铁矿是最常见含量最丰富的铁矿石。黄铁矿由于其金黄色的外表而被称作〝愚金〞，其晶体呈立方体形。黄铜矿是另外一种〝愚金〞，它是金属铜的最主要矿物来源，伴生矿物有金和银。辉银矿是最重要的银矿石，呈铅灰色，一般以矿物集合体或者依附在其他矿物表面出现。方铅矿（图117）是最重要的铅矿石，它的比重非常大，晶体为灰色立方体。闪锌矿为黄色到棕色的立方晶体，具有六组完全解理，是最重要的锌矿石。

锡石形成黑色或棕色的类似金字塔形状的四面体，它是金属元素锡在自然界中产出的唯一矿石。铁铝氧石，又称矾土，一般呈圆粒状或者土状，具有多种颜色，包括白色、灰色黄色及红色，是富集金属铝最重要的矿石。辰砂由于其朱红色的外表而容易辨认，一般呈细粒的晶体聚合体，是金属元素汞的唯一矿物表现形式。钛铁矿晶体一般以厚板状、薄板状或者晶体聚合体的形式出现，其颜色为铁黑色，在许多海滨地区容易形成〝黑砂〞，是金属元素钛的主要矿石来源。晶质铀矿又称沥青铀矿，因其外观与松树树脂相似而得名，是金属元素铀的主要来源。

假晶又称他形，是矿物王国中最绚丽的一部分。随着温度、压力的变化，或者有水和酸性流体的加入，原有矿物可能会被改变从而形成另外一种矿物以适应新的物理化学条件，即在新的环境下更加稳定。此时，矿物的晶形可能保持不变，我们称其为他形。

最常见的假晶是那些改变化学成分但保留原有矿物晶体形状的矿物晶体。例如，赤铜矿的化学组成为硫化铜，但在一定的条件下它可以丢失硫从而形成纯铜，虽然化学成分发生变化但其晶体形状仍然是赤铜矿的晶体形

图117

已经部分氧化的矿石，其中含有方铅矿（gn），针铁形石英（bn），白铅矿（ce），玉髓（cl）及方解石（ct）等，发现于加利福尼亚州因约县达尔文四角地的李矿（美国地质调查局提供，W.E.霍尔拍摄）

状。再比如，当深蓝色的蓝铜矿的存在环境有水加入的话，蓝铜矿便转变成的鲜绿色的孔雀石。即使石化的树木（硅化木）也可以看成是一种假晶，因为水渗入树木内部，带来各种石英比如玛瑙和碧玉代替原来树木中的有机物，但仍保持树木原有的内部结构。

矿床

　　矿床是自然界送给人类的珍贵财富，从中我们可以提取具有经济价值的矿物。在人类寻找矿床过程中总是期望世界上有更多的矿床资源被埋在地下等待我们去开采。随着人类在地球物理和地球化学方面知识的积累，加上开采矿石技术的进步使我们能够提供足够多的资源以满足人类日益增长的需求。随着勘探开发技术的进步，越来越多的矿床被发现并开采。大量的矿产资源位于地球深部，正在等待人类研发更先进的技术将它们开采出来。

　　矿床形成的速度很慢，通常需要几百万年才能形成一个足够富品位且具有开采价值的矿床。某些矿物可以在很宽泛的温度压力条件下沉积聚集，这些矿物通常会一起产出，但只有一种或两种矿物为主矿石。主矿石具有足够高的含量使其具有可开采价值，而其他矿物则为附属物。大型造山运动、火山作用或者花岗质岩浆的侵位都会形成脉状的金属矿床。

　　由于热液（热水）矿床是工业矿床的主要来源，所以从上个世纪初开始，热液矿床的成因一直是地质学家热衷研究的对象。在20世纪初，地质学家在加利福尼亚州苏尔弗班克地区和内华达州斯廷博特斯普林斯地区（图118）发现一些特殊的热泉，这些热泉中沉积了与脉状矿床一样的金属硫化

图118
内华达州斯廷博特斯普林斯地区的蒸汽喷发孔 （美国地质调查局提供）

物矿床。因此，如果热泉能够在表面沉积矿床矿物，那么热水便可以携带矿物成分在填充岩石表面的裂隙时沉积下来形成脉状矿床。美国矿床地质学家沃尔德玛·林德格林发现从斯廷博特斯普林斯地区地下几百米的地方开采出来的岩石具有与脉状矿床类似的结构和矿物学特征。沃尔德玛证明许多脉状矿床均是由热液流体循环形成，其中的矿物由流过地下裂隙的热液流体携带的矿物质沉降聚集形成。

当岩浆房中的热液和挥发分物质侵入巨大基岩时就会产生热液矿床。随着岩浆冷却，硅酸盐矿物比如石英率先结晶，残余岩浆则富含其他元素。岩浆的进一步结晶会导致岩浆的收缩并产生裂缝，这样会使残余岩浆脱离岩浆房侵入围岩形成脉。岩浆热液与围岩的反应使围岩成为热液脉状矿床矿物质的另一种来源，而火山岩可以提供有利于反应的热量和水（主要是地下水）。冷且重的水会进入火山岩中，而这时火山岩会携带从围岩中反应淋滤出来的微量的贵重元素。当冷水被岩浆烘烤加热时，会沿着岩石中的裂隙上升，其中携带的矿物质在温度、压力降低的情况下沉降而形成矿脉。

另外一种称作块状硫化物的矿床一般产出在洋中脊附近的大洋地壳内。块状硫化物矿床通常呈分散的包体或者脉状产出于蛇绿岩套之中，而蛇绿岩套一般出现在洋壳和陆壳碰撞的大陆地壳一边。最著名的块状硫化物矿床位于亚平宁蛇绿岩套中，距今有10亿年的历史，曾被古罗马人最先发现并开采。块状硫化物矿床由于其富含铜、铅、锌、铬、镍和铂元素而在世界各地被大量开采。

在热液谱中处于两个极端的金属元素分别是汞和钨。所有可开采的金属汞矿床带均与火成岩系统有关。汞是唯一在室温下呈液态的金属元素。汞甚至可以在低温和低压下转化成气态，所以地球中很多的汞会在地球表面中通过火山蒸汽或者热泉的形式流失掉。而钨是最坚硬的金属元素之一，这种性质使其被广泛应用在钢材生产中。只有在很高的温度和压力下，金属钨才能沉降下来，所以钨矿一般出现在急剧冷却的岩浆体以及被岩浆侵入的围岩接触面上。

工业型铁矿在各个大陆都有分布。层状的氧化铁矿可以覆盖很大一片地区，比如北美的苏必利尔湖地区以及西澳大利亚的哈默斯利岭。美国明尼苏达州东北部的梅萨比岭是美国主要的铁矿产区。这些带状铁矿建造大约形成于20亿年以前。克林顿铁矿是阿巴拉契亚地区最主要的铁矿生产基地，这里的铁矿石主要是形成于4亿年前的鲕状铁矿石。位于智利和阿根廷之间的埃尔拉科矿则是一个稀有的铁矿，整个矿体是一个巨大的熔岩体并且几乎全部由赤铁矿和磁铁矿组成。

密苏里州附近密西西比河峡谷的三州地区（密苏里州、阿肯色州和田纳西州）有着重要的铅锌热液矿床。铜，锡，铅和锌矿通过岩浆作用直接聚集形成热液脉状矿床。富含铜、铅、锌、银和金的矿床分布于南美和北美的科迪勒拉山脉地区。津巴布韦最大的铜矿带蕴藏着世界1/4的铜矿。美国苏必利尔湖地区的基威诺半岛存在一条长100英里（约160千米），宽达3英里（约4.8千米），距今20亿年历史的巨型铜矿带。在欧洲南部以及亚洲南部的山脉地区也广泛分布着各种金属矿床。世界上最大的镍矿位于加拿大南部的萨德伯里地区，该镍矿形成于18亿年前一次陨星撞击地球事件。

金矿在除了南极洲之外的各个大洲都被发现和开采过。在智利，人们从古老火山岩风化残留物中提炼金和银。在非洲，最好的金矿赋存于34亿年历史的古老岩石中。在北美，加拿大西北部的大奴地区是金矿最丰富的地区，总共有超过1,000个已探明的金矿。这些金矿产出于绿片岩带之中，而在这些绿片岩带可以找到花岗质熔岩中炽热的岩浆流体侵入的痕迹，常与石英脉相伴生。

虽然金属铬可以出现在其他矿物中，但铬在自然界中只有一种矿，即铬铁矿。世界上一半的铬铁矿产自南非，而南非同样也是世界上最大的金刚石产地。金刚石一般产自金伯利岩筒中，金伯利岩筒可以一直通向地幔（见第八章 图131）。南非大多数含金刚石的金伯利岩筒大约形成于1亿年前，但其中的金刚石形成时间则更早，大约在为几十亿年。世界上最大的铂矿位于南非的布什沃尔德杂岩体和美国蒙大拿州的斯蒂尔沃特杂岩体。

硫矿是最重要的非金属矿床之一。硫矿床一般产自沉积岩或者蒸发岩中，而火山岩形成的硫矿床只占很小的一部分。世界上最大的火成岩硫矿床位于智利北部。阿坎奎察（Aucanquilcha）火山顶部的硫矿床因其是世界上海拔最高的硫矿床而闻名，其海拔高度约为20,000英尺（约6,000米）。该硫矿床位于一套安山质火山岩体的核心地带，矿床中心部位产出的硫矿品位很高。

美国爱达荷州及其邻近地区的硫酸盐矿床被开采用来制作肥料。大陆中心的蒸发矿床，比如新墨西哥州卡尔斯巴（Carlsbad）地区附近的钾盐沉积，说明该地区曾经被古海洋淹没。在大陆中心地带同样沉积了可以用来制作石膏板和干墙板的厚层石膏。非金属矿，如沙、砾石、盐、石灰石、石膏以及磷酸盐在世界范围内被广泛开采使用。

　　在大洋地壳中，最具有开发潜力的矿床是锰结核矿（图119）。大多数锰结核可以很好的发育在离陆地和活动火山带很远的深海区。在经过几百万年的矿物质聚集之后，锰结核可以生长到土豆般大小，像鹅卵石一样遍布在海底。一吨的锰结核中含有约600磅（约272千克）的锰，29磅（约13千克）的镍，26磅（约11.8千克）的铜以及大约7磅（约3.2千克）的钴。然而由于

图119
马绍尔群岛西尔韦尼亚几岳（Sylvania Guyot）海域发现的锰结核，位于4,300英尺（约1,290米）深的海底（美国地质调查局提供，K.O.艾莫瑞拍摄）

2英尺（约0.6米）

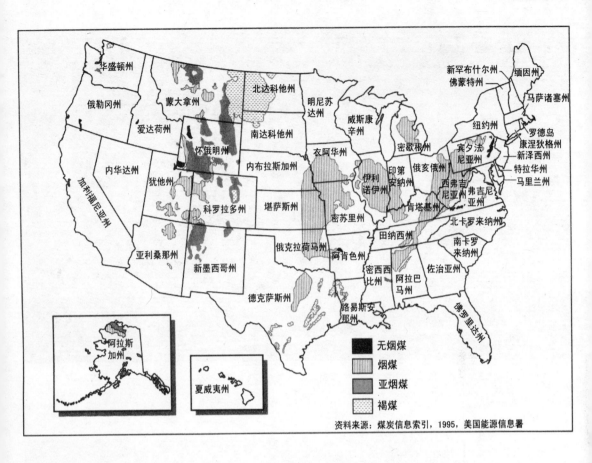

无烟煤
烟煤
亚烟煤
褐煤

资料来源：煤炭信息索引，1995，美国能源信息署

锰结核一般出现在深约4英里（约6.4千米）的深海区，使得对锰结核矿进行大规模的工业开采比较困难。

在世界范围内，美国、加拿大、南非以及亚洲具有丰富的煤炭储量（图120，121）。大量的石油和天然气则在中东、墨西哥湾沿岸地区、落基山和阿拉斯加的北坡（North Slope）（图122）以及北海地区被探明。而美国西部油页岩（图123）中未开采利用的石油储量可能超过世界其他地方石油储量总和。

随着社会的进步发展，人类需要越来越多的油气和矿床资源。发达国家和发展中国家一样为了提高国民的生活质量而不断向自然界索取，这种对能源无止境的需求将会导致在本世纪中叶石油和高品位矿床的稀缺。到那时，由于缺乏高品位的矿床，一些低品位的矿床将会被开采，而这会大大增加开采矿床的成本。现在的我们应该合理利用资源，走可持续发展的

图120
美国的煤炭资源分布图

167

图121
比格厄尔克（Big Elk）煤层，位于华盛顿州金县（美国地质调查局提供，J.D.瓦因拍摄）

图122
阿拉斯加州北坡（North Slope）正在钻探新的油井，位于巴罗区（Barrow District）（美国地质调查局提供，J.C.瑞得拍摄）

图123

格林河（Green River）组中的油页岩，位于科罗拉多州兰奇力（Rangely）以西8英里（约12.8千米）（美国地质调查局提供，D.E.温彻斯特拍摄）

道路，才能让我们的后代能够继续享受自然界带给人类的馈赠——不可再生的矿物资源。

　　下一章我们会讨论矿物家族中的显贵——宝石和贵金属。

8

宝石和贵金属

极具价值的矿物

宝石是具有极高价值的矿物，并且在所有的文明之中，都显示出一种无法抗拒的吸引力，它的价值自史前时代起就被人类所崇尚。追溯到遥远的两万年前，克鲁马努人就奢侈地把象牙、海贝壳和宝石的珠子用线穿在一起，来装饰自己。现今社会，作为一种习俗，珠宝主要用来诠释一种时尚或者代表着拥有者的社会地位。宝石有时也被认为具有某种神奇的力量，在原始文明中，人们相信宝石和水晶拥有治愈伤患的奇效，甚至到了现代社会，仍然有一些人持有同样的观念。

相对于那些普通的矿物晶体来说，所有的宝石都更加纯净、没有瑕疵，晶型更加完美，所以显得更加的光彩夺目。尽管同属真正的宝石，但钻石、祖母绿、红宝石和蓝宝石显得更加珍贵和炫目，其他的只能算准宝石级的或仅用于装饰的普通石头。宝石的价值通常取决于稀缺程度和时尚感，但光泽、透明度、色泽和硬度等因素也决定了宝石的等级。光泽依赖于矿物对光线的反射路径。透明的宝石可以折射光线并且在经过特殊角度的精细切割后，光线能够最大限度地汇聚而显得璀璨夺目。色泽对于有些宝石来说是决定性因素，对于其他的则不太重要，但色泽的好坏能够很大程度上影响宝石的价值。硬度也是同等重要的因素，因为宝石越硬，就越能减少摩擦在其光面上留下擦痕的可能性。

与宝石同样受欢迎的还有贵金属，如金和银，不过在获取这些商品过程中产生的血腥弥漫了好几个世纪。16世纪印加文明的衰落大部分责任应归咎于西班牙人对其金银的抢夺。具有讽刺意义的是，大量印加的金银进入西班牙之后所带来的通货膨胀最后也同样使得西班牙帝国迅速衰败。由于1849年的淘金热，淘金客们疯狂地涌向美国加利福尼亚，使其人口迅速增加，赋予这个州独一无二的特点，让它以超乎寻常的速度加入了美国联邦。矿工们开采产生的砂矿堆积物，也被称为"穷人的堆积物"，其中除了发现金子之外，也发现了宝石。

石英族宝石

准宝石中最为人熟知的当数石英类宝石，而且拥有比其他任何矿物都要多的宝石种类。透明的品种涵盖了各种色彩，从无色的到黄色、蓝色、紫色、绿色、粉色、棕色和黑色。蔷薇水晶，因其蔷薇花一样的颜色而得名，它的粉色由于含有锰元素而有细微的变化。烟水晶的棕色来源于少量的能辐射硅原子的放射性元素，如镭。猫眼石主要是由于石英晶体围绕现存矿物生长形成，并将其改变成稀有种类。半透明和不透明的石英宝石都属于玉髓类，颜色和形态各异，有的条带状，有的条纹状，有的则是斑点状。双向生长的石英晶体通常产出于灰岩洞穴，有时可切割作为宝石。

紫水晶是石英宝石中最贵重的，而且在18世纪之前它还是最珍贵的宝石之一，直到巴西发现了一处巨大的沉积矿床，它的价值就此失去了很多。紫水晶含有微量的铁和锰分散于整个晶体，使其颜色范围从粉紫色到富贵紫，而且整个宝石呈现出独具特色的色调。深色的种类切割出来即可成为极具价值的宝石。传说这种石头可以防止其拥有者醉酒。当然，想要获得这种保护的话，拥有者估计需要戒酒。

蛋白石或许是石英宝石中最出名的了，其特点是具有明亮的闪光，典型的有红色、橙色、黄色和绿色以及其他宝石所不具有的颜色。蛋白石火一样的色彩主要来自大小合适的结晶硅胶（显微晶粒）所散射出来的光芒。这种二氧化硅宝石通常产于小型矿脉中，以近圆形的不规则集合体形式，含水体积分数从3%～9%不等。蛋白石一般被切割成球状，成为圆形宝石。普通蛋白石呈奶白色、黄绿色或砖红色，略微半透明，玻璃质感或树脂状。火蛋白石因其火一般的色彩而得名。蛋白石中的色彩通过光的折射而非吸收产生，光线透过宝石的表面均匀的发散开，闪光随着宝石的旋转而变得不规则。在热泉中，水合二氧化硅的显微球粒不断地聚集成层，从而形成蛋白石，这种堆积形成的方式是光线产生闪烁现象的原因。硅藻的骨架（图124）和硅质海绵也是由这种形式的二氧化硅所组成的。在美国内华达州发现的硅化木、海贝壳和恐龙骨头中，黑色的蛋白石以类质同象的方式置换了其他一些矿物。

玛瑙形成于火山岩中的不规则孔穴中，因溶液不连续的析出二氧化硅从而形成相间的条带层，并以此闻名，同心波形的样式源自于孔穴壁的不规则形态。许多种类的玛瑙都以其独有的颜色和形态的条带而著称。苔纹玛瑙，发现于黄石河及其相邻区域，因含有独特的苔藓纹理而格外漂亮（图125）。苔藓状的外壳或枝状晶体由软锰矿构成，而含锰矿石被包裹在苔纹玛瑙的中间。地下水溶液中的二氧化硅能够替换木质组织，石化木通常都可玛瑙化。关于玛瑙神奇功效的传说很多，而且它也一度被认为能够消除恐惧和防治癫痫病。

缟玛瑙是一种和条带玛瑙类似的玉髓，它甚至可以形成黑白相间、棕白相间或者红白相间的平行条带。缟玛瑙被大量应用于浮雕制作，利用其天然的颜色条带，工匠们可以制作出美轮美奂的缟玛瑙工艺品。19世纪中叶，南美洲发现了富含缟玛瑙的沉积矿床，再加上正好处于文艺复兴时期，缟玛瑙浮雕大量出现，其中不乏价值连城的精品。缟玛瑙大理石是由紧密的、通常为半透明的方解石（有时是文石）组成，外观上非常接近缟玛瑙，如果是平行条带的石灰华组成，则可成为极好的装饰和建筑材料。缟玛瑙一般从冷水溶液中析出，常以钟乳石或石笋的形态产出于地下洞穴之中（图126）。

碧玉是一种由微晶组成的隐晶质的石英宝石，是玉髓的一种，和玛瑙比较接近。由于组成化学元素的多样性，碧玉的颜色和图案颇为丰富多彩，包

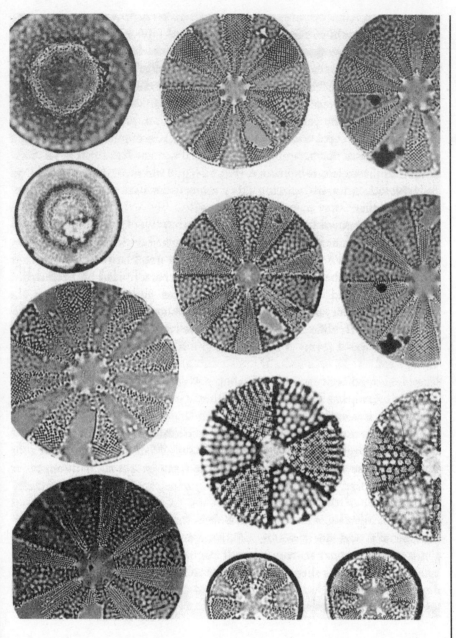

括红色、黄色、棕色以及这三种中任意的渐变色。红色碧玉通常含有赤铁
矿——一种含铁的矿石，有时能够发现具有多种色彩条纹的条带碧玉。随
着时间的流逝，碧玉可以转变成燧石。古代人认为这种石头有着很多医疗
作用，甚至一直到17世纪，人们仍然相信将碧玉挂在脖子上可以治愈消化

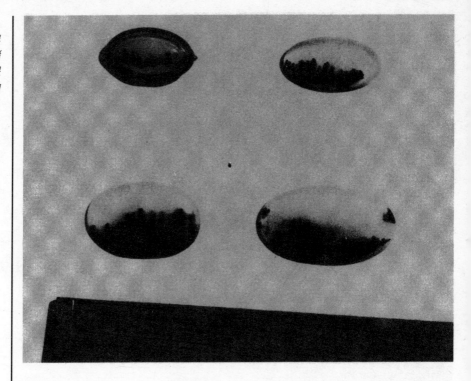

不良。

　　血石髓，也叫鸡血石（heliotrope，源自希腊语*helio*，意思是太阳），希腊语原意为"变成太阳的宝石"，古埃及城市赫利奥波利斯（Heliopolis，今开罗）曾盛产这种宝石。鸡血石是一种深绿色的石英，其中点缀着类似血滴的红色碧玉小斑点。这种宝石在中世纪极受尊崇，由于其特殊的红色，常被用来制作象征殉难意义的雕刻品。那时的人们相信鸡血石能够止血，甚至还可以呼风唤雨。

透明宝石

　　透明宝石因其璀璨的光泽、通透的色彩和出众的硬度而深受人们的喜爱。绝大多数的透明宝石是由铝、硼或锰的氧化物所组成，含少量二氧化硅。大部分的宝石矿物组成都相差不大，例如蓝宝石和红宝石的矿物成分完全一致，只是颜色不同而已。决定这些宝石价值的因素主要是透明度、瑕疵的多少、色彩的光艳度以及尺寸。刚玉类，包括蓝宝石和红宝石，主要成分为氧化铝，色彩丰富。不同颜色的刚玉拥有不同的名字，除蓝宝石和红宝石外，绿色的称为东方祖母绿、紫色和黄色的分别称为东方紫水晶和东方黄宝石。另外，通过人工手段在熔融的细晶氧化铝中加入各种矿物颜料可以制成人造红宝石、蓝宝石、祖母绿以及其他各种人造宝石，这些人造宝石具有个体大的优点，品质也丝毫不逊于天然宝石。

红宝石是所有宝石中最贵重的，深红色的甚至比钻石的价格还要高。它是刚玉类中一种色彩鲜艳的红色宝石，在莫氏硬度表中仅次于钻石。由于存在少量的铬元素，红宝石的颜色不同于一般的深红或玫瑰红，有些还略带些紫罗兰色。东方红宝石分布非常有限，主要产于缅甸，具有极高的价值。印度人把这种红宝石定为宝石之王，认为如果把它佩带在身体的左侧，会给人带来意想不到的财富。

图126
卡尔斯巴溶洞国家公园景点——哈丁穹顶和太阳神庙，新墨西哥州埃迪县（美国地质调查局提供，W.T.李拍摄）

蓝宝石也是一种刚玉，与红宝石的矿物成分相同，只是颜色有所差别，显现出一种纯净的蓝色，而且也略微硬一些。蓝宝石中永远流行的富贵蓝色源于铬、铁或钛的氧化物的存在，除此之外，蓝宝石还可呈现出鲜艳的绿色、紫罗兰色和黄色的色调。蒙大拿蓝宝石是蓝宝石家族中的一员，具有一种特殊的铁蓝色，而星光蓝宝石可以折射出漂亮的六角图案，宛若闪烁的星星。

祖母绿是一种深绿色的绿柱石类宝石，这应与前述的东方祖母绿相区别，因为后者实际上是一种祖母绿颜色的蓝宝石。绿柱石是一种重要的含铍矿物，同样也是主要的宝石之一，六方晶系，主要产出于花岗伟晶岩中。绿柱石类宝石最常见的为绿色的祖母绿，蓝色或蓝绿色的绿柱石称为海蓝宝石，粉色的称为红绿宝石。祖母绿的颜色依铬元素含量的多少而呈现从浅绿色到深绿色程度不同的色调。与其他透明宝石比较，祖母绿相对较软，只是比石英略微硬一些。早在公元前1650年，埃及就开始开采祖母绿了，大量的祖母绿宝石从位于红海岸边城市阿斯旺的克娄特拉矿中开采出来，作为进贡品献给当时的埃及皇后。与其他的宝石一样，祖母绿也被认为具有治疗的功效，可以用来解毒、治愈眼疾和消除妄想症。

锆石（图127）在火成岩中非常常见，只有极少数的锆石可以称得上是宝石。由于抗风化能力很强，锆石可以作为指示矿物帮助我们了解关于其所赋存的岩石的很多重要信息，比如花岗岩的形成年代等。通过锆石的定年，科学家推测最早的地壳形成于约42亿年前。从锆石中还可以提炼出铪、钍等元素。锆石的天然颜色有黄色、褐色以及深棕红色等，其中透明的锆石可以作为钻石的替代品。褐色锆石晶体可以在真空环境下通过加热变成亮蓝色，加工后的锆石身价倍增。

电气石，常被叫做"彩虹石"，在所有宝石中有着最宽的色域，晶体通常为长柱状，并是唯一具有弧形三角剖面的矿物。电气石不仅仅有着彩虹一样丰富的颜色，有的时候一块电气石上也会同时有两种或三种颜色，就像棒棒糖一样。电气石的色彩之所以如此丰富，主要是因为其含有很多其他矿物所不具有的元素，使得其化学组成相当的复杂，成为宝石的电气石最主要的颜色是透明的红宝石红和明亮的蓝宝石蓝。电气石在伟晶岩中常见，有时能形成非常大的单个晶体。电气石有着一种特殊的晶体结构（图128），当加热的时候，正负电荷分别在柱状的矿物晶体两端富集而产生静电，足以吸附起小纸片——就像刚梳过头发的塑料梳子一样。

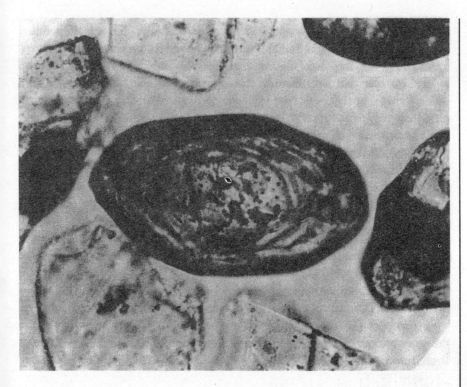

图127
贾斯珀卡茨地区的稀
土中发现的锆石，科
罗拉多州吉尔平县
（美国地质调查局提
供，E.J.杨拍摄）

　　石榴子石是一种含有多种金属元素的硅酸盐类宝石，颜色主要有红色、棕色、黄色、白色、绿色或者黑色，玻璃或树脂光泽。石榴子石族是化学组成相近的一系列类质同象硅酸盐矿物，钙、镁、铁和铝等金属元素与硅氧四面体的不同组合可以形成不同颜色的石榴子石。石榴子石晶体通常是12或24面体，有时为36或48面体。钙铁榴石（乌拉尔翡翠）是一种光艳的绿色石榴子石，和祖母绿的颜色类似。镁铝榴石有时也叫做贵石榴石，深红色，是最常见的宝石级石榴子石。在南非"蓝色地球"金伯利岩筒中发现的石榴子石品位相当高，与钻石共生，是质量上乘的宝石。

　　十字石是一种铁铝硅酸盐矿物，常与石榴子石共生，产于片岩、千枚岩、片麻岩等变质岩和伟晶岩之中。在南非产的一粒钻石中人们发现了一个罕见的十字石包体，指示其来源于幔源的大陆地壳。十字石为褐色到黑色，多为短柱状晶体，通常小于1英寸（约2.5厘米），完好的晶体有时能达到2英寸（约5厘米）。十字石常具双晶，理想的十字石双晶称为仙女十字架双晶（图129）。这种双晶十字石矿物经过风化作用以后可以从基岩中剥离出来，不经任何加工就能成为漂亮的装饰品。透明的十字石晶体非常罕见，切

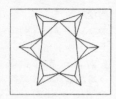

图128
电气石的晶体结构

割后可以成为宝石。

黄电气石是一种透明的黄绿色橄榄石矿物，而橄榄石是火成岩中最常见的硅酸盐矿物。橄榄石的矿物组成主要为铁镁硅酸盐，是最简单的暗色矿物，主要见于石英含量低而且富镁的火成岩——如玄武岩和辉长岩之中。橄榄石通常呈现为细小的如砂糖一样的晶粒，也可以生长成长达数英寸的单晶，但非常少见。橄榄岩是由橄榄石组成的岩石，其中具有火山岩构造的称为金伯利岩。大部分金伯利岩中都含有钻石，指示其矿物成分来源于地幔。

黄晶通常为黄色，但也可以呈现从淡黄色到棕色等不同的颜色。从16世纪开始，黄晶就作为宝石而深受人们的喜爱。罕见的粉红色黄晶，尤以深色调的，为世人梦寐以求。黄晶有着不同于其他矿物的极其光滑的表面和细腻的手感。在伟晶岩可以发现晶形巨大的黄晶，最重的可达600磅（约272千克），颜色有黄、蓝、绿、紫和无色的。黄色、黄棕色以及蓝绿色类通常形成美丽的晶型，是加工成宝石的极好的原材料。品质上乘的黄晶多产自巴西。

不透明宝石

不透明宝石的种类较透明宝石要少一些，其中有些宝石可以单独算作一种岩石，比如黑曜岩（一种火山玻璃）和煤玉（一种质地及其坚硬的煤）。另外，蚌的分泌物——珍珠也算是一种不透明宝石。

绿松石是一种天蓝色宝石，从人类文明开始就被用作装饰用石。远古时代的埃及和苏美尔人的墓冢中就发现了绿松石做的珠宝。因为绿松石比较柔软（比摩氏硬度6级要小一点），所以在古代很容易通过原始工具来加工。美洲开采利用绿松石的历史也很久远，纳瓦霍人早在欧洲人发现美洲大陆之前就开始将绿松石作为他们的首饰或祭品。美洲的土著人制作的绿松石饰品在西方世界非常受欢迎，导致美国本土对绿松石矿的开采急剧升温。大多数绿松石矿床位于新墨西哥州、亚利桑那州、科罗拉多州和内华达州。绿松石产于天然金块或矿脉之中，通常与铜共生。有的绿松石内含有黏土和铁氧化物形成的纹理，使其更具吸引力。

翡翠在古代就是一种贵重的宝石，它吸引人的地方不光在于那美丽无暇的绿色，还有关于它的各种神奇的传说。翡翠具珍珠或蜡状光泽，通常为绿色，但也有黄色、白色和粉色品种。与其他宝石的单矿物组成性质不同，翡翠具有复杂的矿物学性质。翡翠大致可以分为两种，分别是硬玉和软玉，它们的化学成分差别很大，但外观看起来却非常相似。硬玉是一种辉石，其中明亮的半透明祖母绿色种类是稀有品种。在两种翡翠中硬玉更显贵重，因为它有着更加鲜艳和丰富的色彩。软玉是角闪石，较硬玉常见，也更加低廉。翡翠在古代深受民众的喜爱，被制作成各种随身饰品和景观石。

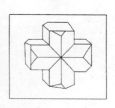

图129
理想的十字石双晶

月长石，是斜长石中钠长石的一种，因其能发出蓝白色或珍珠般的乳白色光而被视为宝石。月长石的表面色彩可以随着光线的变化而改变。基本上所有具有商业价值的月长石都产于斯里兰卡（古称锡兰）靠近印度南部的地方。古代的人们相信，在下玄月的月光下将月长石含在口中可以预知未来。

孔雀石是一种常见的铜矿石，由于它的亮绿色非常的显眼，所以可以作为铜矿勘探的指示矿物。孔雀石一般与蓝铜矿共生，蓝铜矿是一种深蓝色的矿物，二者均以光滑或不规则块状体发育于矿脉的上层。孔雀石有时候具有玻璃光泽，但大多数晶体是呈现丝绢光泽的纤维状圆形块体。致密的深色石经过切割和磨光之后可作为精美的装饰品。孔雀石也常被制作成壶、碗和艺术品。中世纪，孔雀石被认为能抵御〝恶魔之眼〞而显得尤为珍贵。

几千年来，人们就一直热衷于把天青石（蓝铜矿）作为装饰石，在阿富汗一处非常偏远的天青石矿床从6,000年前就已经开始开采了。天青石的深紫蓝色不像其他宝石，经过长时间的阳光照射后也不会失去光泽。这种石头虽然硬度不高，理论上也不太适于打磨，但仍能够用于制作各种艺术品，经过细心雕琢后也能够成为宝石。据传十诫就是刻于两片天青石板之上的。

蛇纹石的主要成分为镁、铁——铝硅酸盐及水，有时含有少量的铁或镍。半透明到透明，油脂或蜡状光泽，可呈现奶油白和从绿到黑的各种色调。斑驳的绿色使其看起来很像是大蛇身上的花纹，因此而得名蛇纹石。蛇纹石质软，易于加工。古绿石大理岩是一种特别漂亮的深绿色蛇纹石，可用于室内装潢。

珍珠，作为宝石中的皇后，几千年来一直被世界各地的人们所珍爱。即使在今天，天然珍珠仍是最珍贵的宝石之一。许多海水和淡水软体动物，如蛤和牡蛎，当其贝壳内的套膜（环绕内壳生长的一圈物质，图130）被沙子或其他小物体侵入时，会分泌一种文石将侵入物包裹起来。随着时间的推移，文石层慢慢增厚成为具有美丽晕圈、光彩四溢的珍珠。通过人工养殖的方法可以大批量地生产珍珠，只要向牡蛎体内植入小颗粒作为刺激物，剩下的工作就由牡蛎来完成了。除了珍珠白，珍珠还有金色、粉色、红色和黑色

图130
蛤的剖面示意图, 套膜就是珍珠生长的地方

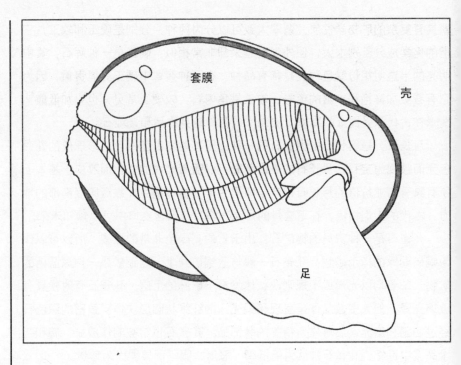

等品种。珍珠作为女性饰品, 是纯洁无瑕的象征。

　　琥珀是由古代树木分泌的树液深埋地下, 在高压下经历亿万年的变质作用而形成的。世界上有名的琥珀产地多分布于波罗的海周边, 由已灭绝第三纪植物分泌物形成。绝大多数琥珀为黄色、棕色或两者之间的过渡色调, 少数品种为蛋白色。在一些琥珀中可以见到不幸的古代昆虫甚至树蛙, 它们被树液包裹后很快便一命呜呼, 树液硬化后埋入地下开始了漫长的地质旅程, 等到重见天日的时候已经成为化石被摆放在自然博物馆或私人收藏室里了。一些琥珀中含有的气泡可以帮助我们了解地质时期的空气组分, 研究发现, 白垩纪大气中的氧气浓度比现代高很多, 这可以解释为什么那时候的恐龙可以具有如此庞大的身躯。现代科技甚至可以提取琥珀化石中古生物的DNA(脱氧核糖核酸, 载有生命体的遗传信息)。琥珀化石的数量相当稀少, 以其特殊的科学价值和稀有程度而成为宝石家族中的一员。

钻石

　　钻石是世界上最稀有的宝石, 物质组成十分单一——由纯碳在地球深部

的高温高压环境下形成。一些微细的钻石颗粒也可形成于地表，陨石撞击地球时产生的瞬间高温高压可使土壤或岩石中的碳转变成钻石晶体。在一些钻石中可以发现来自上层地壳的物质，这些物质在俯冲带连同形成钻石的母质一起被带至地幔之中，那里的高温高压可使碳原子组合成具有致密结构的钻石晶体，而那些外来物则成了钻石中的包裹体。此外，在实验室极端高温高压条件下，科学家已经能够人工合成钻石。

钻石晶体一般为六面体或八面体，天然产出的钻石晶体大多不具备完整的晶形而呈不规则状。成品钻石的价值主要取决于它的硬度和光泽，所以钻石的后期加工十分重要，璀璨夺目的钻石不光是大自然的美丽结晶，也是人类智慧的结晶。钻石的颜色、纯度、重量和加工工艺都是影响其价值的因素。一般来说，最贵重的钻石品种几乎无色或带有淡淡的蓝白色调而且没有瑕疵，淡黄色的钻石更为普遍，价格也略低。有的珠宝商常常把低档钻石误称为蓝白色钻石，这种称呼有待统一。

深黄、深红、深绿或者深蓝色的钻石也深得人们的喜爱，市场价格颇高。通过人工方法也可以使钻石具有某种特殊的色彩，比如将钻石置于放射性原子的轰击之下可使其呈现深绿色，或暴露于高能电子射线而呈现深蓝色，而人造绿色钻石在高温下会转变成深黄色。各种人造彩色钻石足以以假乱真，与天然彩色钻石相比几乎看不出什么区别。

世界上很多地方都曾发现过钻石，但大多丰度较低，不具开采价值，只有很少一些地区可以进行工业性开采。一般而言，在冲积扇和经过风化剥蚀的火山沉积物中比较容易发现钻石。最早的钻石开采始于印度，当时人们在印度中部和南部的砂矿中发现了钻石，截至目前，大约有1,200万克拉（约2.4吨，一克拉相当于0.2克）的钻石从那里被开采出来。直到1725年在巴西发现了钻石矿以前，印度基本上是世界上唯一的钻石产地。巴西中东部钻石的年产量达16万克拉，主要来自于米纳斯吉拉斯州的迪亚曼蒂纳城附近的砂矿中。

今天，世界上约95%的钻石产量产自于非洲，其中刚果是最大的钻石生产国，满足了全球50%以上的钻石需求。大部分的钻石只是工业级的用来制造切割工具的金刚石，而这种金刚石同样可以由人工制造，这种人工制造的品级较低的钻石价值较低，在全世界的钻石产业链条中只占很小一部分。人工制造的金刚石每年约数百万克拉，但仅仅适用于工业用途，因为它们的个头太小了。

图131
金伯利岩筒，南非大
部分的金刚石蕴藏于
此类岩石之中

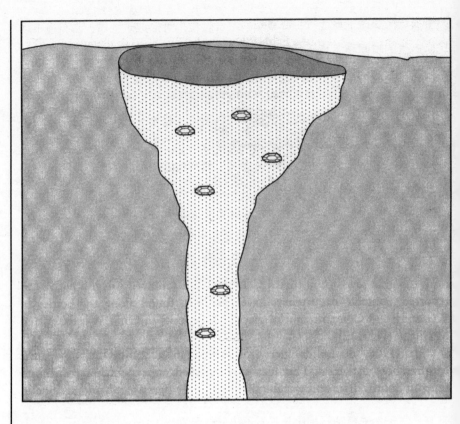

　　目前宝石级的金刚石来源主要有两种，一种是前文提到的砂矿，另一种
就是金伯利岩。后者产地主要位于南非，金伯利岩得名于南非的金伯利镇，
那里的金伯利岩筒（图131）以出产大量的金刚石而闻名于世。金伯利岩筒
主要由来自地下150英里（约240千米）深的地幔岩石碎片混杂堆积而成，这
些岩筒侵入体形态、大小各异，但大多数呈不规则的管状。目前为止，南非
已经勘探了700多个金伯利岩筒及其他侵入岩体，但其中富含金刚石的为数
很少。

　　金伯利岩矿床最初是从露天开采开始的，但是随着开采深度的增加进而
转入地下。作为世界上最深的金刚石矿，金伯利岩管的地表直径可达1,000
英尺（约300米），但是随着深度的增加，其直径锐减。金伯利岩管可以一
直延伸到地下很深的地方，在1908年开采条件十分简陋的情况下，南非的一
个金刚石矿井曾挖掘到地下3,500英尺（约1,066米）的深度，但是由于一次
大洪水而被迫停工。地表的金伯利岩已经风化成了很软的土黄色岩石，但是
地下一定深度处仍然是坚硬的＂蓝色石头＂。在这些＂蓝色石头＂中，金

刚石所占的比例约为1/8,000,000（重量比）。"蓝色石头"被开采出来以后，经过充分的破碎和研磨达到一定的粒度，然后将这些磨碎的颗粒倒在表面涂有油脂的冲洗槽上，用水冲洗之后冲洗槽上就只剩下质量较轻的钻石。

世界上储量最丰富的金刚石矿是南非的普雷米尔矿，位于比勒陀利亚以东24英里（约38.6千米）。这个矿也是世界上产量最大的金刚石矿，从1903年至今产量已达到3,000万克拉（约等于6吨）。1905年，人们在这里发现了迄今为止世界上最大的钻石——Cullinan，重3,024克拉（约595克）。

世界上其他地区也有钻石矿开采，包括圭亚那、委内瑞拉、澳大利亚和美国的大部分区域，但都比较贫瘠。在阿巴拉契亚山脉东麓（弗吉尼亚州至佐治亚州段）的河沙中偶尔可以发现颗粒很小的钻石。也有报道称，在加利福尼亚北部和俄勒冈州南部的金砂中曾发现过金刚石。在怀俄明州与科罗拉多州的交界线附近以及俄亥俄州、威斯康星州和密歇根州的冰碛物中也有发现金刚石的记录（图132）。

1906年，美国第一个金伯利岩钻石矿同时也是目前美国国内唯一运营的钻石矿在阿肯色州的默弗里斯伯勒被发现，这里的地表景观与南非发现金伯利岩筒的地方非常相似（图133）。迄今为止，这里共产出了约4万颗钻石。现在，这里还是美国的州立钻石公园。为了吸引游客，管理者让人们在这里自由寻找钻石，只要买了门票，游客们找到的钻石就可归自己所有。这里的土地定期有人翻松，以增加人们找到钻石的几率。最好的寻宝时间是在暴雨过后，钻石在雨水冲刷过后的地面熠熠生辉，就像反光的玻璃一样，很容易寻找。最勤劳的人不一定能找到最大的钻石，人们在这里发现的最大的钻石

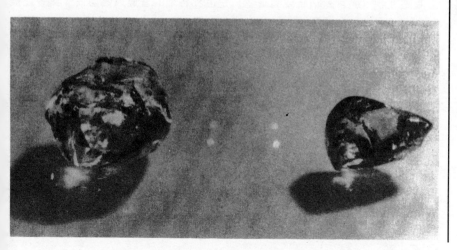

图132
索克维勒钻石（Saukville，左）和伯灵顿钻石（Berlington，右），分别发现于密歇根州的奥扎奇县（Ozaukee）和拉辛县（美国地质调查局提供，W.F.加农拍摄）

图133
1923年的阿肯色钻石矿，位于阿肯色州默弗里斯伯勒南部。当时人们用耙矿机掘出一条条的坑道，从挖掘出的泥土中筛选钻石。（美国地质调查局提供，H.D.米斯特拍摄）

之一属于一个婴儿，当时大人们发现他正在吮吸一块石头，拿出来才发现那是一块钻石，一块很大的钻石。

金与银

自人类文明伊始，黄金就因其光灿的外表和极度稀缺而成为人们追逐的对象。黄金不仅是世界上通用的等价物，还是地位的象征。人们以穿金戴银而感到荣耀，忘记了黄金不光稀有好看，其实还是一种很重的金属。在婚礼上互赠礼物（通常是钻石或者黄金）是世界各地的普遍风俗习惯。黄金还被认为有治愈疾病的神奇魔力，在日本，人们相信把身体浸入用400磅（约181千克）纯金打造的凤凰造型的浴缸里可以祛除病痛。

金子不会生锈，具有极强的耐腐蚀性，从沉入海底数个世纪的古船中打捞出的金币在阳光下仍能光亮如新。金的延展性极好，一盎司（约28克）的金竟能打造成接近100平方英尺（约9平方米）的薄片。去泰国曼谷的旅游者总是被寺庙或者其他一些建筑物屋顶上随处可见的金箔吓到，直到他们知道金子能被锻造成多薄的薄片才松了一口气。那里的玻璃窗甚至都会覆上一层薄薄的金片，用于反射夏天灼人的阳光同时在冬季保持室内温度，这样做既节省了一大笔开支而且非常环保。

1848年，美国人在加利福尼亚的一个木材厂——约翰萨特木材厂（John

Sutter's sawmill）附近（离今天的萨克拉门托很近）发现了金矿，引发了一场旷世罕见的淘金热。发现金矿的消息不胫而走，很快传遍整个加州以至全国，来自美国四面八方的淘金客疯狂地涌入加利福尼亚，他们都希望加州的金子能使他们一夜之间暴富。当时加州还是一片蛮荒之地，很多装备落后的淘金客在还没到达他们梦想中的金山之前就因寒冷、饥饿或疾病死于途中。加州在一夜之间成了冒险家的乐园，原本以伐木为生的镇子里突然多了很多淘金客的帐篷，喧嚣和骚动也随之而来，烂醉的酒鬼和大声的争吵随处可见。由于产业单一，淘金者只能以金沙换取来自外界的食物等生活必需品，这些补给品的价格可是高得离谱。淘金者的血汗钱到最后都被那些商人拿走了，真正因淘金而暴富的人寥寥无几。

　　加利福尼亚州内华达山脉的西麓（图134）有很多富金的矿脉，与山体底部的花岗质基岩以大倾角相切。热液型主矿脉呈南北走向，可长达200英里（约320千米）。脉体主要由坚硬的乳白色石英组成，宽度一般不超过3英尺（约0.9米）。黄金主要以星点状散布在石英脉中，与之共生的还有黄铜矿，后者因为与黄金的外观相似又被称为"愚金"。薄层状的优质矿脉少见，淘金者主要是通过淘洗河床里淤积的泥沙和砾石来找到金子，他们常采

图134
内华达山脚下的冲积扇，著名的死亡谷国立纪念公园（Death Valley National Monument），位于加利福尼亚因约县（美国地质调查局提供，H.E.Malde拍摄）

用一种称为淘金盘的简易设备就可以轻松地把金子从沙土中筛选出来。

　　纯金的比重约为19，大约是普通砂石比重的8倍多，所以含金的泥沙在强烈的旋转和冲刷水流作用下，金粒会从悬浮的混合物中沉降下来落在底部的淘金盘之中。这是一种常见的砂矿淘金法，为了获取一丁点的金子常常需要淘洗几吨的砂砾（图135），效率十分低下。如果你想通过这种方法的淘金而致富基本上是不可能的，但是以现今约300美元每金衡制盎司（每盎司约28.35克）的金价，或许你还可以在交付各种开采保证金以后略微盈余。这在1849年加州淘金热的时候是难以想象的事情。

　　在加利福尼亚引发的淘金热向东蔓延，范围扩大到怀俄明州、科罗拉多州、新墨西哥州和内华达州。内华达州的卡林型金矿非常的特别，它的金片小到连显微镜都无法识别，然而就是这样，所有聚集起来的储量也有至少8,500万盎司（约2,400吨），成为世界上第三大黄金产地。著名的黄石国家公园是由岩浆柱（或称热点）在地表漫溢大量的岩浆热液而形成的，这些热点在地质历史中不断迁移，在其经过路线上留下了一系列的盆地、火山以及间歇泉，同时形成了丰富的金矿，从内华达贯穿爱达荷直到怀俄明。大约4,000万年前，这个热点位于卡林（美国地名，位于内华达州——译者注）地下，富含黄金的气水热液不断涌向地表，形成了今天我们所看到的金矿。同时，这种特殊的岩浆热液型矿床因为发现于卡林，而被命名为卡林型金矿。

　　科罗拉多山脉（图136、137）同样拥有传奇般的金矿开采历史，那里留

图135
淘金者正在淘洗河沙，位于科罗拉多州拉普拉塔县的勃润斯古尔弛，照片拍摄于1875年（美国地质调查局提供，W.H.杰克逊拍摄）

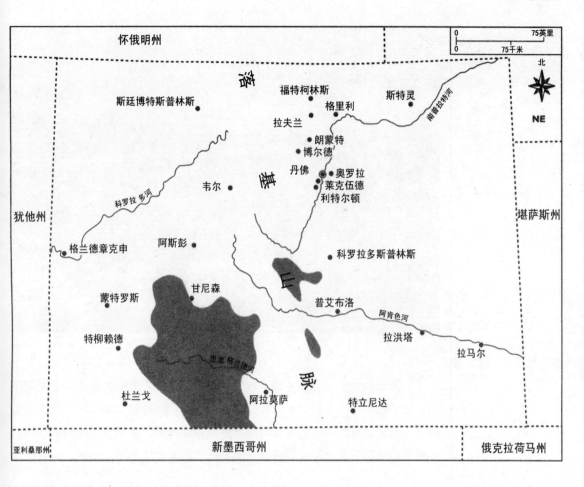

图136

淘金时代科罗拉多州的金矿分布

下了无数金矿开采者的足迹以及废弃的采矿用的帐篷,事实证明那里的金子要比淘金人眼里的少得多。当地下金矿采完之后,采金挖掘技术随之发展(图138)。一些原来因采矿而形成的城镇现在都改造成滑雪胜地、赌城和旅游场所;更多的则成了无人居住的空城,只剩下一些残破的建筑无言地诉说着历史。

银通常和金共生,所以金矿也常出产银。尽管银矿在1859年就已经被发现,但产量一直到19世纪70年代才达到了顶峰。从内华达州的卡姆斯托克洛德可以管窥美国西部采矿鼎盛时代之一斑。在这里,大多数的矿床都沿着一个3英里(约4.8千米)的矿化断裂带分布,这个断裂带将新生火山岩和古老的岩石分开。矿脉可以一直延伸到地下3,000英尺(约900米)处,为板状倾斜分布,与地面成约40度夹角,近400英尺(约120米)厚。银通常与硫结合形成辉银矿,其中有3%的含金量,使得银矿开采更有利可图。

图137
1901年的科罗拉多州杜兰戈金矿（美国地质调查局提供，W.克劳斯拍摄）

　　南美洲的古印加帝国在很早就开始了冶炼金银，印加人居住在安第斯山脚下从哥伦比亚一直延伸到阿根廷长达3,000英里（约4,800千米）的广阔土地上，他们从古火山颈的风化物中提炼黄金和白银。南美洲大规模的金银矿开采历史开始于哥伦布发现美洲大陆之后，西班牙人占领了这里，并将开采

图138
科罗拉多州莱伊河上采金用的挖掘机（美国地质调查局提供，H.S.盖尔拍摄）

出的金银源源不断地运往欧洲。位于玻利维亚的塞罗黎哥（意为银山）是一座15,000英尺（约4,500米）高的火山（图139），火山颈中充满了富银的流纹斑岩，是一座名副其实的银山。

西班牙征服者于1532年到达秘鲁，那时的印加帝国由于内战四分五裂。西班牙人不费吹灰之力就占领了那里，并将抢掠的大量金银器包括印加金匠的杰作一同化作金条银条运往西班牙。其中一些运载这些财宝的船只在海中遇到风暴而沉入海底，这些带有神秘色彩的宝藏一直以来都是海底寻宝者所追寻的目标。

贵金属和稀土

除了金和银，贵金属还包括铂族元素。铂是一种灰白色重金属，密度同金相当，具有极高的韧性和延展性，主要用于珠宝制作和化学反应催化剂。铂被广泛用于汽车尾气排放系统中的催化转化器，可以快速氧化未燃烧完全的油气，从而减少空气污染。与纯金和钻石一样，铂极其致密并且抗风化能力极强，所以一般位于砂砾的底部。铂矿主要富集在砂矿之中，最好的铂矿分布于俄罗斯的乌拉尔山脉。

铂族元素中的铱是一种非常特殊的元素，它是一种银白色坚硬而脆的

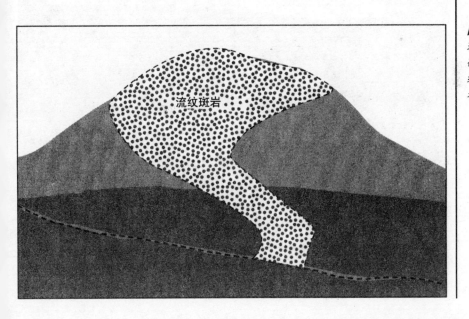

图139
玻利维亚塞罗黎哥银矿横剖面示意图，流纹斑岩是主要的赋矿岩石

重金属，与铂共生。铱元素在小行星和彗星中含量很丰富，地壳中几乎没有。所以如果你在一些地方发现铱元素相对富集，并且与冲击作用形成的矿物共生在一起，则可以推断那里曾经发生过陨石撞击事件。在K-T（白垩纪-第三纪）界线上铱元素的异常富集（图140）为陨石撞击地球造成恐龙灭绝的理论提供了强有力的证据。在其他的地质年代界线附近发生的生物大灭绝（生物的大规模灭绝和爆发正是划分地质年代的主要依据）同样可以找到相应的陨石撞击证据。然而在白垩纪末期的铱异常达到了背景值的1,000倍以上，比其他的要强烈许多，这说明K-T事件可能在地球历史上是独一无二的。

　　锇是铂族元素中的另一个成员，在富金属陨石中也有发现。锇是一种质脆、极高熔点的蓝灰色或蓝黑色金属，在已知金属中的密度最大。它主要作为催化剂用于硬金属合金的冶炼。铱和锇均是亲铁元素，在地球历史的早期，它们依附于铁元素之上，沉降到地球中心形成了地核，这也是它们在地表非常罕见的原因。夏威夷的冒纳罗亚火山（图141）的岩浆来自深部的地

图140
图中站立者的脚下10
英尺（约3米）处就是
白垩纪和第三纪沉积
的分界线，照片拍摄
于科罗拉多州戈尔登
地区的南泰布尔山西
南侧（美国地质调查
局提供；R.W.布朗拍
摄）

图141
夏威夷主岛上的冒纳
罗亚火山 （美国地质
调查局提供）

幔，其中含有大量的铱元素和锇元素。另一种恐龙灭绝说——火山说正是根据这一发现把K－T界线处异常富集的铱元素归结为火山喷发，喷发形成的遮天蔽日的火山尘和四处漫溢的炽热岩浆导致了恐龙的灭绝。

稀土元素由一系列稀有的化学性质极其相似的金属元素组成，主要产于伟晶岩———一种晶体颗粒巨大的花岗岩之中。稀土元素包括15个镧系元素以及钪、钇。镧是一种质软、延展性强的白色金属，常用于油的精练。铈是一种具延展性和韧性的金属，在稀土元素中分布最多。镨为黄白色金属，可以使玻璃呈现黄绿色，同样也能用于精炼石油。钕是一种柔软的黄色金属，可以制作磁铁和激光器及给玻璃染色。

钷是一种放射性金属元素，常见于铀的裂变产物，如核能装置中。钐是淡灰色金属，常用于合成合金制作永磁体。铕常为二价和三价金属，独居石中常见，因其对中子的吸收作用主要用于核研究。钆是磁性金属元素，与铁、铍和其他稀土元素共生。铽是银色三价金属元素，化学性质活泼。镝也是一种银色金属，同钬性质相似，可用于制造强磁体。

铒经常与稀土元素钇共生，是一种柔软的金属，因能吸收中子而经常用于核研究。铱为浅灰色的三价金属元素，化学性质活泼。镱为银色的类似钇的金属，常与钇和其他一些元素共生于某些矿物中。镥是一种自然界中极少见的金属元素，目前尚未发现其用途。钪为柔软的白色金属元素，罕见并且昂贵，工业用途少见。钇呈浅灰色，常用于制作永磁体、激光器和超导物质。

某些稀土元素在制作超导体中起了非常关键的作用，这些超导体在非常低的温度下传导电流时电阻值几乎为零。而当温度达到绝对零度（摄氏零下273度）时，电阻消失。加入稀土元素的陶瓷材料也可用于制造超导物质，并能大大提高其临界温度。或许随着高温超导新物质的发现，我们未来的生活会发生革命性的变化。

下一章我们将讨论一些罕见或不常见的岩石类型，它们的出现使得地质世界变得更加丰富多彩。

9

不寻常的石头

　　"真实的世界"是什么样子的？关于这个问题，人们不时会有一些新的发现。物理学家研究微观世界，他们相信通过对原子的分割可以告诉我们宇宙的起源；地质学家研究宏观世界，他们寻找各种线索试图告诉我们地球是如何形成的；天文学家研究宇宙，他们通过观察星星告诉我们在银河系以及更加遥远的星空里发生的事情。

　　与此同时，地球上还有无数的谜题等待着我们去解答。位于南英格兰斯通亨奇的巨石阵（图142）是做什么用的？公元前1580年喷发过的Thera火山岛果真是传说中的亚特兰蒂斯吗？为什么世界上最大的石头——艾尔斯岩会

图142
欧洲各地发现的巨石
阵被认为是古人用来
解读星空的工具

出现在澳洲中部的沙漠中央？岩石本身可以告诉我们这些谜题的答案，甚至有一天还能为我们揭示出恐龙灭绝的秘密。

向日石

　　在有些岩石中存在着一些数亿年前的单细胞生物，它们可以告诉我们当时的太阳、地球和月亮之间是如何相互作用的。蓝绿藻的祖先可以分泌一种黏液，把沉积物颗粒黏结起来形成一种形似甘蓝叶球的同心带状构造，我们称之为叠层石构造（图143）。像现代的叠层石一样，古代的叠层石群落生长在潮间带中。潮间带就是高潮线和低潮线之间的海域。

　　叠层石生长时会面向太阳生长，这种特性称之为向阳性，叠层石会向太阳光的平均入射方向发生倾斜。在澳洲中部比特泉岩层中发现的叠层石，其中有着8.5亿年历史的化石记录了太阳在天空中的运动轨迹。赤道生长的叠层石，在冬季会指向南方，夏季会指向北方，并且它们的生长轨迹具有正弦曲线特征。

　　如果叠层石在一年中不间断的生长，那么一个波长的生长层的数量就代表了一年中有多少天。通过对叠层石生长层的观察，科学家们发现在元古代一年（地球围绕太阳一周为一年）大概有435天。这一结果，与从5.7亿年前的寒武纪初期的生物礁中得出的数据很相似。科学家们通过计算古代生物礁的生长环来推测一年中有多少天。研究发现，那时候地球自转速度比现在要快，每天只有20个小时。

另外，具有正弦波形态的叠层石还可以告诉我们，太阳穿过赤道行进的最远路程。赤道与地球围绕太阳的轨道面之间有一个夹角，称为黄赤交角。黄赤交角的大小取决于地球旋转轴的倾斜度。在各个季节太阳所到达的最高纬度可以通过叠层石正弦波生长线偏离平均生长线的角度确定。现在，夏季的太阳最远可以到达北纬23.5°的位置，而在冬季太阳最远可以到达南纬23.5°的位置。而在8.5亿年前，这个数值可以达到26.5°，这说明那时候地球的气候变化比现在更加具有季节性。这一发现也证实了地球旋转轴倾斜度在慢慢变小。

现代的叠层石生长在潮间带中，它们的高度代表了波浪所能波及的最大高度，而波浪的大小是受月球的引力控制的。在西澳大利亚North Pole的瓦拉沃纳组中发现的迄今为止最古老的叠层石群落，可以长到30英尺（约9米）

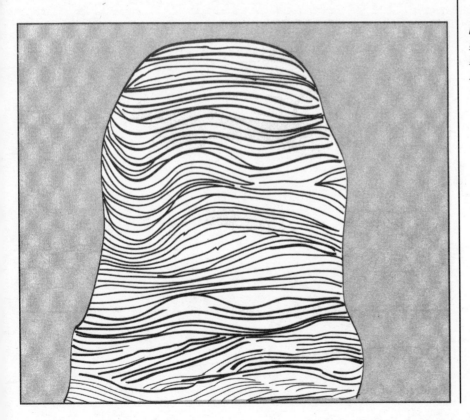

图143
叠层石，由原始的蓝绿藻堆积而成，具层状构造

195

的高度。这说明在古老的地质年代中，月亮距离地球的距离比现在要近的多，由此产生的引力可以使潮水向陆地移动数英里。

叠层石生长高度的变化同样也说明了为什么现在一天的长度会比过去长。早期地球的旋转速度比现在要快得多，由于潮汐产生的拖拽力而使得旋转速度减缓，一部分角动量被转移给了月亮，使得月亮可以在更大的轨道上运行。直至现在，月亮仍以每年大约2英寸（约5厘米）的速度远离地球。

太阳活动周期是指太阳的能量释放具有周期性，现在太阳的活动周期是22年，是太阳黑子周期的两倍。如果要想知道前寒武纪时期太阳的活动周期，答案就在具有6.8亿年历史的冰川纹泥和南澳阿德莱德北部的湖底带状沉积物中。在这些冰川纹泥中保留了在前寒武纪后期的冰川期（图144）形成的层状相间分布的黏土岩层，这些相间分布的黏土层是怎么形成的呢？当夏季来临时，冰川开始融化，携带有大量沉积物的冰川融水流入湖泊，这些沉积物在宁静的湖水中发生沉淀而形成层状沉积物。年复一年，周而复始，就形成了这些具有黏土韵律层的冰川纹泥（图145）。

图144
前寒武纪末期澳大利亚的冰川活动范围，即图中虚线所包围的区域

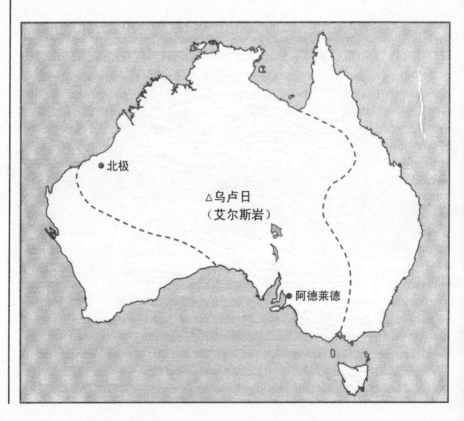

图145
澳大利亚沙漠地区发现的冰川纹泥示意图，由黏土层和砂岩层交替叠置而成

在太阳活动剧烈的时期，地球的季节性温度略有升高，使得更多的冰川发生融化，并形成厚度更大的纹泥。通过计算厚层纹泥和薄层纹泥的数量，科学家们建立了一套地层序列，通过这套层序我们可以模拟出太阳黑子的活动周期（11年）和太阳活动周期（22年）。我们知道现在月亮的活动周期是19年，而这套层序记录了月亮轨道的周期性变化，通过它我们就可以推测出早期月亮的活动周期。

条带状铁建造是由铁质层和硅质层交互叠置而形成的层状沉积，大约形成于20亿年前最早的一次冰河时期。那时候全球海水的平均温度比现在要高很多，当富含铁质和硅质的海水流向冰冷的极地地区时，骤然降低的温度使得矿物质大量沉淀。由于铁质和硅质的密度不同，它们沉降的速度也不一样，这样就形成了韵律层。条带状铁建造外观异常漂亮且极具收藏价值。

火山活动同太阳11年周期也具有一定的联系，太阳释放能量的大小可以影响到地球上火山爆发的密度和强度。对过去400多年来数百次火山喷发的研究表明，太阳活动周期直接影响到了活火山的数量。当太阳黑子数量最少即太阳释放能量最弱的阶段，地球上的火山喷发强度最大。而在太阳活动最剧烈的阶段，地球大气层会受到强烈的影响，进而触发地壳运动，以地震的形式将地球内部的能量释放出来。这时候，火山喷发的数量和强度就会小很多。总的来说，太阳活动性强，地球上的火山活动就弱，反之亦然。

自反转的石头

洋中脊是大洋板块的交界线，炽热的岩浆不断从这里涌出，冷却后形成洋壳。当岩浆冷凝固结之前，会受到地磁场影响而具有一定的磁性，其磁极方向与当时的地磁场保持一致。科学家们发现，洋中脊附近的岩石磁极方向每隔一段时间就会发生倒转，由此猜测在地质历史时期地磁场曾发生过多次的磁极倒转。经过计算，在过去的1.7亿年时间内，地磁场曾发生过约300次的倒转，最近的一次是在780,000年前。当地磁场倒转时，磁场会短暂消失，地球此时会完全暴露在各种宇宙射线的辐射之下。

洋壳的磁性异常条带以洋脊为轴对称分布，如图146所示，这种分布特征说明洋壳以洋中脊为中心向两侧同步生长。洋壳的年龄测定结果显示，从

图146
洋中脊附近呈镜像对称的磁异常条带，可以作为海底扩张的证据

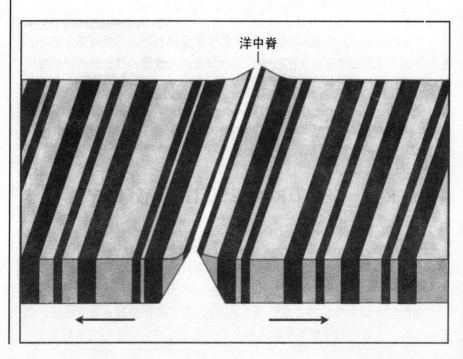

洋中脊

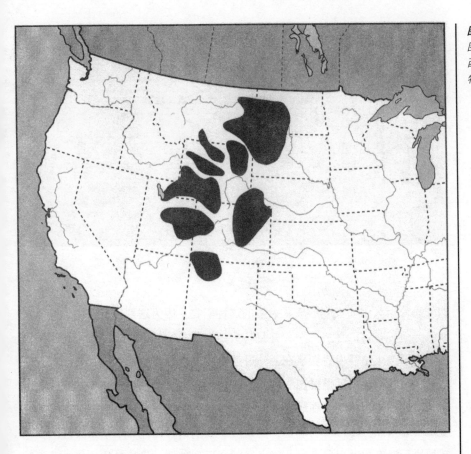

图147
图中黑色区域为美国
西北部地区自反转矿
物的分布范围

洋中脊向两侧方向洋壳的年龄是从新到老逐渐增大的，这也为海底扩张学说
提供了现实依据。

　　磁铁矿是使岩石具有磁性的主要矿物，其磁极方向与矿物形成时的地磁
场方向保持一致。在20世纪50年代早期发现的钛赤铁矿（主要成分为铁、钛
和氧）具有与磁铁矿截然相反的特性，其磁极方向恰好与地磁场方向相反。
由于岩石中钛赤铁矿的存在，使得地质学家们在分析地磁场方向时大费周
折，有时甚至会得出错误的结论。

　　自反转矿物不仅出现于海洋之中，在陆地内的沉积型盆地和熔岩区同样
可以发现它们的身影。在北美西北部（图147），这种自反转矿物构成了很
多地区如怀俄明州比格霍恩盆地和墨西哥圣胡安盆地内主要的磁性矿物。在
加利福尼亚州的沙斯塔火山（图148）发现的有着10,000年历史的火山岩中
就存在大量的钛赤铁矿。钛赤铁矿同火山喷发有着密切的联系，1980年著名

图148
沙斯塔火山，位于加
利福尼亚锡斯基尤县
的喀斯喀特山脉（美
国地质调查局提供，
C.D.米勒拍摄）

的圣海伦斯火山喷发就形成了大量的这种矿物。因为这种自反转的钛赤铁矿形成于一种特定的环境之下，并且与火山岩关系密切，火山学家们可以通过它们来研究火山喷发时岩浆在上升过程中所发生的各种变化。

在矿物形成前的熔融态中，其原子排列方向在地磁场影响下趋于一致，即与地磁线方向相同。在矿物逐渐冷却过程中存在一个居里点，一旦矿物温度低于居里点，磁性便已确定。但是，矿物的这种磁性并不是永久性的，当其加热后温度超过居里点时，磁力线就会受到破坏。尽管矿物的磁性会受到可能的后期影响而变化，但这种情况毕竟是少见的，科学家们仍然可以利用矿物的磁性来推断其形成时地磁场的方向。自反转矿物之所以得名，是因为它们具有两个截然相反的磁性。在自反转矿物冷却过程中会经过两个居里点，在第一个居里点形成的磁场方向与地磁场方向一致，而在第二个居里点会形成一个磁性相反的磁场，并且磁场强度相对早先形成的磁场要大很多。

岩石的拼图

在极地的永冻土地区，土壤和岩石以一种特殊的组合方式呈现给世人，其作用机理数百年来一直是科学家们所关注的焦点。每到夏天的时候，冰雪开始融化，冰层中的碎石在地表聚集起来。与此同时，坚硬的冻土也开始变得湿润起来，远远看去，大地就像铺上了一层柔软的地毯。在北方的大部分地区和阿尔卑斯地区都可以见到这种景象，那里的土壤每年都会经历季节性的冰冻期和融冻期。冰雪融化后在地面上积聚起来的碎石组成了很多大小不等的似六边形碎石堆，这些碎石堆直径小至数英寸，大可至数十英尺，被巨砾或块状的岩石所分隔开来（图149）。

生活在冻土区的农民一般都会注意到这样一种现象，每当春天来临的时候，田地里的石块会破碎成更为碎小石子，土地也会变得更加肥沃。这种现象称为冻胀作用，在冻土地带形成的具有多边形外形的碎石堆很有可能就是通过这种冻胀作用形成的。当冻土融化时，沉积物会在大型砾石的下部聚集起来，在下一次冬季到来的时候，这些沉积物和土壤重新被封冻起来，并且体积上有所增大。经过长年的积累以后，砾石下的碎石和泥土逐渐增多，慢慢地砾石与土地融为一体，像是镶嵌在上面一样。冻胀作用对人民的生产生活会带来很多破坏性的影响，铺设在冻土带之上的公路很容易受冻胀作用的影响而无法使用，农民庭院的围栏也会受到一定程度的破坏。

冻土带多边形碎石堆的形成机制示意图如图150所示，松散的泥土不断

图149
克里恩沃特山区麦克莱伦河边的多边形碎石堆，位于阿拉斯加州瓦尔迪兹克里克地区。如果仔细看可以发现，碎石堆中部泥土较多，而边部则多砾石（美国地质调查局提供，C.瓦哈弗提克拍摄）

图150
多边形碎石堆的形成
机制示意图。在对流
系统的作用下，粒度
较大的砾石逐渐被带
至地表并堆积下来

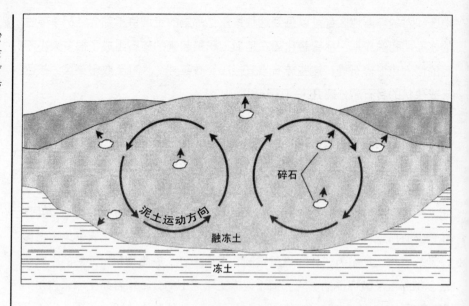

从底部上涌到地面，泥土中的砾石也被带出地表。这有点像锅里煮开的水，沸腾的水从中间向四周翻腾，在这个循环过程中，砾石一开始出现于多边形中部，然后在泥土的循环作用下被带至边缘处重新进入地下，这有点像洋壳的生长和消亡机制。在碎石堆中部的泥土像是被搅拌过一样，从而为这一猜想提供了有力的证据。

在极地地区，经常可以见到地面上很多奇怪的形状，比如阶梯状、带状或网状，直径最大可达150英尺（约45米）。这些现象都是岩石、土壤以及水分在极端低温的情况下共同作用形成的，一些规模更大的地表景观则是由古代永冻层形成的。从火星探测器发回的火星地表照片中可以发现一些类似河道的东西，还有一些多边形的裂隙，与极地永冻层的地表特征有些类似，由此可以猜测火星表面曾经有过水的存在。

在干旱地区常可见到龟裂的地面（图151），这是泥土在烈日曝晒下快速干涸形成的一种地质现象。地震也会形成一些具特定形状的沉积物，泥沙中的卵石由于地表的震动而露出地表，而泥沙会形成一些六边形、四边形、条带状以及圆形的沙堆。在海底同样可以见到各样海洋沉积物形成的地质景观。

呼啸的石头

　　强烈的火山喷发可以将炽热的岩浆喷到高空，液态的岩浆被撕裂成各种大小不同的碎片，小到火山灰，大到宽达15英尺（约4.5米）的火山弹（图152）。 岩浆碎片在空中飞行的过程中逐渐冷却，由于空气阻力的作用，火山弹一般呈圆形或椭圆形，并且尾部可呈螺旋形。当火山弹降落至地表时，一些尚未完全冷却的火山弹会摔成扁平状或飞溅成碎片。一些如坚果般大小的火山弹被称为火山砾，可以在火山口附近形成火山砾石沉积。

　　火山弹在下落过程中可以形成很多不同的形状，如炮弹状、纺锤状、面包皮状、牛粪状、缎带状等等。面包皮状的火山弹是由于岩浆碎块在外表冷却后，内部的气体逃逸而形成的一种层剥火山弹。由于岩浆体中含有大量的

气体，所以会形成很多中空以及表面布满小坑的火山弹。如果在降落到地面之前火山弹内部没有完全冷却并且含有大量的气体，而且冷却的表皮又非常薄，那么降落将会造成剧烈的爆炸。有些火山弹在降落过程中会剧烈地旋转，发出尖锐的呼啸声，很像是即将降落的炮弹。

在法属波利尼西亚附近的太平洋海域内，科学家们发现了一种奇怪的来自于海底的单频声波，这种声波比世界上任何乐器所奏出的声音都要纯净。起初人们怀疑是某些国家研制的秘密武器或未发现的海底神秘生物所发出的声音，事实上，任何生物都不可能发出如此单纯的声音，那么这种声音究竟是什么呢？经过科学家的不断探索，最终发现这种声音来自于海底火山附近涌出的大量气泡。海底火山喷出的炽热的岩浆使得海水剧烈的沸腾，产生了很多气泡，那种单频声波正是由这些气泡破裂所产生的。

在沙漠中有一种奇特的现象，沙丘会发出一种令人匪夷所思的声音，人们称之为鸣沙。鸣沙几乎只出现于沙漠腹地一些大型而孤立的沙丘，当你走在沙脊之上时，沙丘就可能发出这种奇怪的声音，至今人们对鸣沙产生的机理仍不得而知。当风裹挟着沙粒在沙丘之上肆虐时，沙丘会发出一种隆隆声，如千军万马一起奔腾般壮观。鸣沙所发出的声音有很多种，有的像钟声，有的像喇叭声，还有管风琴声、雾角声、火炮声、雷声、风中震颤的电线声以及低空飞行的飞机发出的轰鸣声等不一而足。人们将能够发出声响的沙丘称为鸣沙山，在鸣沙山上发现的沙粒磨圆度都很好，而且分选性极佳，即粒度大小基本一致。在这种情况下，外界带来的干扰很容易使沙粒发生共振，从而发出奇怪的声响。当山体发生滑坡时，各种砾石会发生撞击，但这种撞击所发出的声音同鸣沙所发出的声音截然不同。

岩石柱

在美国新墨西哥州西北部的盖洛普镇，有一个伫立于沙漠之中的高达190英尺（约58米）的石英砂岩岩柱，这个岩柱由100多个白蚁巢遗迹化石所组成，其规模之大为世间罕见。遗迹化石是指远古生物所保存下来爬痕、足迹、虫穴等痕迹及遗物。这个岩柱上的白蚁巢遗迹化石有着1.55亿年的历史，形成于侏罗纪时期。另外一些更老的蚁巢化石发现于亚利桑那州的国家硅化木公园，那里的蚁巢化石历史可以追溯到2.2亿年前。在这些蚁巢被发现以前，人们普遍认为1亿年前的地球还未出现像蚂蚁、蜜蜂等这样的社会型动物，那时有花类植物才刚刚出现。后来随着认识的深入，昆虫学家及古生物学家一致认为早在三叠纪时就已经出现白蚁了，那时恐龙才刚刚在地球上崭露头角。

在陆地上一些热泉出口处，常可见由钙质和硅质组成的结壳物，人们称之为泉华。如果结构上更为致密，则称之为石灰华。而在格陵兰西南部的寒冷海水中同样可以见到规模庞大的泉华，那里聚集了500多株高低不等的泉华组成的石柱群，有些可以高达60英尺（约18米），在低潮时可以看到它们露出水面。在冰冷的海水中是如何形成这种在热水环境中才能形成的泉华的呢？原来，那里的海底有很多热水出口，富含碳酸盐的热泉从出口涌出与冰冷的富钙海水相汇合，从而形成一种罕见的碳酸钙——六水方解石，这正是形成格陵兰附近海域中泉华的主要矿物。由于这种矿物形成于低温环境，晶格中保留了一部分水分，使得它们外表上看起来更加绚丽多姿。海水中的碳酸钙石柱为藻类、海葵和海参提供了理想的庇护场所。

海底的岩浆岩柱是又一个海底奇观，这些石柱通常可达45英尺（约13.7米）高，是由海底火山缓慢溢出的岩浆层层堆叠而形成的。这些石柱有些是实心的，有些则是空心的。中空的环状石柱可以组合在一起形成巨大的岩浆

图153
东太平洋海隆的黑烟
囱，大量高温的黑色
海水从喷水口喷涌而
出，这些海水由于含
有硫化物而呈现黑色
（伍兹霍尔海洋研究
所提供，R.D.鲍拉德
拍摄）

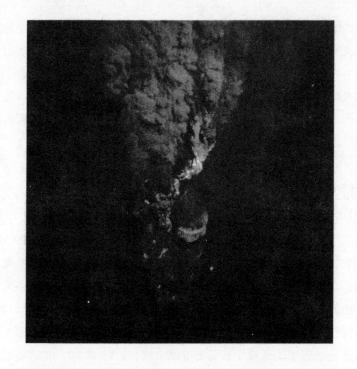

岩墙，外部的岩浆与海水接触迅速冷却，而内部的岩浆可以保持长时间的流动状态，甚至可以回流到火山喷口中去。当中间熔融的岩浆完全消失时，岩浆岩柱就像失去了内容物的蛋壳一样脆弱，这些石柱倒塌以后，留下来的只是一些环形的岩浆岩外壳碎片。

　　黑烟囱是一种发现于深海海底的奇特地质景观，高度可达30英尺（约9米），如图153所示。烟囱口径大小不等，有的只有半英寸（约1.27厘米）宽，有的则可以达到6英寸（约15厘米）甚至更宽。黑烟囱是连接洋壳深处与冰冷海水的一个通道，从中涌出的是黑色的含有硫化物的滚烫海水。在全球范围内的洋中脊附近都布满了这种黑烟囱，是地球内部的热量向外释放的一种主要形式。在漆黑一片的深海海底，黑烟囱的出水口处可以见到熠熠的光亮，这些光是温度高达350℃的热水中的矿物质遇到冰冷的海水以后从溶液中析出而产生的。这种光虽然非常微弱，但是仍然能够维持海底植物进行光合作用，这些黑烟囱为黑暗的深海世界带来了一丝生机。

在黑暗中发光的矿物

　　黑光是一种不可见光，这种光照射到某些矿物之上会使其发出一种微弱的光亮，称为荧光。荧光一词来自于萤石，当萤石遭受黑光照射时，会发出非常漂亮的蓝紫色的光芒。荧光是矿物的一种特性，是矿物中的原子吸收不可见光中的光波能量并将其转化成不同波长的光（通常为不可见光）的现象。

紫外线也是一种不可见光，波长很短（图154）。黑光可以使某些矿物发出荧光，前提是黑光光源必须保持稳定。石英灯就是一种理想的黑光光源，氩光灯发出的光线虽属不可见光，但波长较长。其他的黑光光源还有X光和阴极光等等。

矿物在黑光照射下发出的荧光是非常漂亮的，但是一般来说这些矿物在可见光下没有什么吸引力。荧光的颜色有很多种，取决于不同的矿物特性。有些产地的矿物具有荧光特性，另外一些产地的同样的矿物不一定也具有荧光特性。在石油勘探和矿产勘查中经常会用到荧光检测，从井下取出的岩心是否具有荧光特性可以帮助地质工作者推测地下的状况，如是否含油等。

具有荧光特性的矿物一般来说都含有某种"杂质"，正是这种"杂质"（如锰）使得矿物在黑光的照射下可以发出荧光，我们称之为激活剂。在荧光矿物中有一类特别的矿物，它们在失去黑光光源照射的情况下仍然能保持一段时间的荧光状态，我们称之为磷光矿物。不同的矿物发出荧光需要的黑光波段也存在差异，有些需要短波黑光，有些则需要长波黑光，还有很多矿物在很长波段范围内的黑光下都可以发出荧光。所以，在做荧光测试时，测试者需要同时准备长波和短波两种波段的黑光。

世界上最早被发现有荧光特性的矿物是硅锌矿，产自新泽西州的富兰克林矿山，这里的硅锌矿被认为是全球品质最高的硅锌矿之一。当时富兰克林

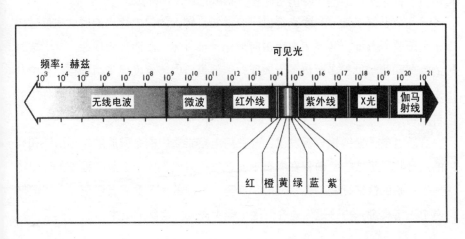

图154
电磁波频谱图，图中显示紫外光波段在可见光波段之外

矿山的矿工们手提弧光灯在黑暗的矿井之中工作，发现在弧光灯的照射下，硅锌矿发出了一种奇妙的绿色光线。富兰克林矿山中的方解石同样具有荧光特性，所发出的荧光为红色。闪锌矿也是一种荧光矿物，而且它能够在碰撞摩擦的情况下发出闪光。

白钨矿，是北美洲最重要的一种钨矿，这种矿物是少数几种可以一直发出荧光的矿物之一。地质工作者在夜晚利用黑光灯照射可疑的岩石露头，如果岩石发出蓝色的光芒，则说明其中含有白钨矿。如果发出黄色的光芒，则是钼矿——一种用来提高钢铁硬度的矿物。方柱石，是一种结构复杂的石英变质矿物，荧光呈一种迷人的黄色。美国西部各州出产的蛋白石具有绿色的荧光，因为其中含有一些微量的铀。铀矿可以发出非常漂亮的绿色或黄色的荧光，硬度最高的金刚石在黑光的照射下也会发出不同色调的蓝光。

闪电玻璃

两个小男孩偶然间发现了位于密歇根州万南斯湖（Winans Lake）边一块不寻常的石头，他们起初觉得这块石头应该是一块巨大的恐龙腿骨。密歇根大学古生物博物馆于是立刻派出一批科学家前往考察，结果发现这个15英尺（约4.6米）长，呈现白、绿、灰颜色的物体是当时世界上最大的闪电熔岩，拉丁名叫"thunderbolt"。这是一个管状的玻璃物体，在闪电轰击地面时形成（图155）。山顶很可能是因其高海拔而最容易吸引闪电的攻击，所以那里的玻璃管状的闪电熔岩最为常见。尽管理论上任何岩石都能形成闪电熔岩，但比例最多的还是由未固化（松散）沙土所形成。

几个世纪以来，科学家经过研究得知，较大的闪电熔岩的形成温度数倍于太阳表面温度，并在闪电轰击时熔化甚至气化。然而直到现在，其形成时的物理和化学过程多数仍不为人所知。但是研究不仅发现了两种自然界中从未发现过的金属矿物，而且证明闪电熔岩是地球上已知最具化学还原性质的自然物质。

通过电子显微镜分析发现，嵌在闪电熔岩之中的金属质的球粒由铁和硅的混合物所组成，之前仅在陨石中发现过。显然，闪电在某种程度上改变了地表初始的铁氧化物的化学成分，甚至比发现的大多数陨石还要多。闪电熔岩中还富集金，应该是闪电在周围土壤中提取并富集的结果。

另一种不同种类的玻璃叫做熔融石（图156），源于希腊语中的*tektos*，意思为熔化，其玻璃质的个体主要在大的陨石撞击中形成。陨石撞击地表会形成尘柱，在冲击力作用下喷射出熔融状态的岩石，落回地面后形成了熔融石。许多溅射得很高的物质能落在世界范围内各个地方，而巨大的陨石撞击产生出数以百万吨的熔融石，分布在广阔的区域内，形成熔融石场。

熔融石的颜色从深绿色、棕黄色到黑色，并曾经被我们的祖先之一克鲁马努人作为贵重的装饰品。熔融石通常都较小，一般以鹅卵石大小的居多，但也有大到巨砾尺寸的。熔融石与陨石的化学成分不同，而和火山玻璃——黑曜岩的成分相似，只是含的气和水较少，也没有微晶，这与所有的火山玻璃都有着显著的区别。

熔融石含有大量的硅酸盐，与纯的石英砂岩相同，可以用来制作玻璃。实际上，熔融石就是大型陨石撞击产生大量热量形成的天然玻璃。撞击抛出的熔融物质分布很广，这些液态的岩石在空中会固化成各种形状，从不规则

图155
巨大的闪电（照片由美国国家海洋与大气署提供）

209

到球形，包括了椭球体、桶状、珍珠状、哑铃形和纽扣形，同时也会有不同的表面压痕，主要是在空中飞行时固化形成的。

埃及西部沙漠之中散布着神秘的玻璃碎片，这些是在3,000万年前巨大陨石撞击作用形成的。利比亚沙漠中也散落了一些拳头大小的透明玻璃碎片，通过稀土元素分析表明这些玻璃是由于沙漠中的沙子受到巨大撞击形成的，其中的大块的玻璃呈现出极好的透明度。撞击作用也产生了一些在极高的温度下沉积物熔合在一起的小玻璃球粒，与火山玻璃类似。世界各地分布的厚厚的沙粒大小的球粒沉积记录下了整个地球历史中发生的一次次天地大冲撞。

天空之石

陨石——金属或石质块体（图157），穿越整个地球的大气层撞击到地面的不速之客，它来自何方至今仍是未解之谜，广为接受的观点是它们来自于火星和木星之间的一个小行星带。绝大多数降临到地球上的陨石来自小行星主带，一个由初始物质组成的2.5亿英里宽（约4亿千米）的条带。小行星带中包括了从小晶体组成的微陨石到半径几百英里的巨型岩体，也就是所谓的小行星。

当小行星撞击地球后，表面立刻碎裂开来，形成无数个小碎片落在地球上，也就是陨石。火山质即S型小行星，是小行星带内带里最为常见的类型，是陨石中最常见的普通球粒陨石的主要来源。其他一些陨石可能是月球或火星的地壳在受到小行星撞击之后散落出的碎片。

落下的陨石数目实际上要比绝大部分人认为的要多得多。每天都有数千块的陨石掉落到地球上，一场流星雨就能带来数以十万计的石头，每年都会产生接近100万吨的陨石物质。大部分流星都会在进入大气圈之后燃烧殆尽，流下的灰烬就贡献给大气中的尘埃了，这些灰尘是让我们头顶天空呈现蓝色、朝阳呈现红色的原因。穿过大气层没有燃烧完全的残余陨石会造成一些灾难性的后果，它们有可能会降落在居民区，历史上曾有民宅和汽车被陨石击中的记录。

陨星观察贯穿了整个人类历史。历史学家经常争辩1803年发生在法国诺曼底省艾格勒一次壮丽的陨石坠落现象是否引发了陨星的早期观察，这次陨

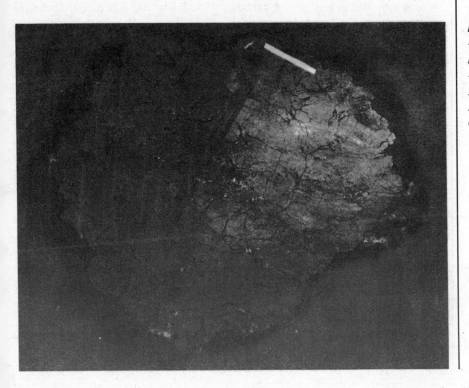

图157
在澳大利亚西部发现的沃尔夫克里克陨石，从剖面可以看出清晰的裂纹。（美国地质调查局提供，G.T.法奥斯特拍摄）

石坠落带来了近3,000块的石头。实际上是这次的壮丽掩盖了更早的一次事件——那是在1794年6月16日，意大利锡耶纳城发生了一次巨大的陨石雨，这是近代最为重要的陨石雨并由此诞生了陨石学这门学科。

最早的流星坠落报告可能属于古代的中国人，早在公元前7世纪就有了。然而有趣的是中国的陨石非常稀少，而且至今没有发现巨大的冲击坑。第一个月球陨石现象是由一个坎特伯雷的修道士于1178年6月25日目击并记录下来。过去的30亿年，月球遭受了无数的陨石撞击，大部分直径小于一英里的陨石坑都是被很多很小的小行星撞击所形成的。

最早的陨石雨证据至今还保存在博物馆里，是一块120磅（约54.4千克）重的陨石，于1492年11月16日坠落在法国阿尔萨斯的昂西塞姆郊外。在美国发现的最大的陨石是威拉米特陨石，重达16吨，在过去几百万年中的某个时间撞到地球上，于1902年在俄勒冈州波特兰附近发现，长10英尺，宽7英尺，高4英尺（约3×2.1×1.2米）。

从天而降在阿肯色州帕拉古尔德附近一个农场的重达880磅（约399千克）的巨石，是有目击者记录的陨石坠落事件中最大的之一。迄今发现最大的陨石是霍巴韦斯特（Hoba West）陨石，于1920年在非洲西北部的纳米比亚赫鲁特方丹附近被发现，重约60吨。1948年3月18日在美国堪萨斯州诺顿县的一处玉米田里发现的石陨石，是迄今为止有撞击观察记录的陨石撞击事件中最大的一个，当时这个陨石把地面撞出了一个直径3英尺（约0.9米）、深10英尺（约3米）的大坑。1962年发现于尼日利亚的一块40磅（约18千克）重的陨石后被证实是数百万年前一次火星撞击事件中抛射出来的碎片。

每年都会发生超过500次的陨石坠落事件，但其中绝大多数都落入了海洋。大气层的缓冲作用减缓了相当一部分陨石到达地表时的速度，使得它们的埋深不大。并不是所有的陨石到达地表的时候都是热的，因为大气层会降低岩石表面的温度，在某些情况下陨石表面还会结了一层薄薄的霜。

最容易识别的陨石是铁陨石，但它们只占总数的5%。铁陨石主要是由铁和镍组成，还含硫、碳以及微量的其他元素。这种组成和地球的金属质内核十分类似，推测其来源可能是几十亿年前的小行星分解出来的碎片。铁陨石因为其致密的结构而能在撞击事件中保存下来，而大多数都是农民在耕地的时候发现的。

最常见的陨石种类是石陨石，占到总陨石数量的90%，但由于和地球的物质类似，非常容易被风化，难于被发现。这种陨石是由细晶岩石

基质中微小的硅酸盐矿物球粒所组成，也叫陨石球粒，源于希腊语中的
"chondros"，意思是颗粒。陨石球粒被认为是太阳系形成初期（一个由气
体和星尘组成的旋涡状圆盘）的粒子组成的团块，含有这些球粒的陨石就叫
做球粒陨石。

纳拉伯平原可能是世界上最大的陨石产地，这是一块沿着西南澳大利亚
的南部海岸的400英里（约643千米）长的灰岩区。这片灰白色平坦的荒漠平
原为发现深褐色或黑色的陨石提供了极佳的背景环境，而且加上这里的侵蚀
作用很小，陨石到达地表的初始状态能够很好地保存下来。在这里发现的陨
石碎片已经超过一千余个，来源于过去两万年间坠落的150余块陨石，其中
有一个非常大的铁陨石，叫蒙卓贝拉（Mundrabilla），重量超过11吨。

南极的冰盖也是寻找陨石的最佳选择之一，许多落在南极的陨石可能是
来自月球或者更遥远的火星（图158）。南极的阿伦希尔斯（Allan Hills）地
区发现的一块陨石由古铜无球粒陨石组成，这是小行星带的常见玄武岩的类
型，可能是由撞击作用从火星地壳弹射出来飞向了地球。南极的一块火星陨
石中有机化合物的发现为火星是否存在生命提供了一些线索，这块陨石经过
大约300万年的太空旅行才最终被地球引力所捕获。

图158
*在南极洲发现的这块
陨石被认为来自于火
星（照片由美国航空
航天局提供）*

现在，为数众多的大型环形构造遍布世界各地，可能都源于陨石撞击事件。位于中魁北克东部的环形马尼夸根水库（图159）就是最大的冲击构造之一，其直径达60英里（约96千米）。新魁北克陨石坑位于加拿大北部，直径两英里（约3.2千米），有1,300英尺（约396米）深，为世界上的深湖之一。保存最好的陨石撞击坑是位于亚利桑那沙漠温斯洛附近的流星陨石坑（图160），直径约4,000英尺（约1,219米），数百英尺深，应该是五万年前的一颗超过60,000吨的陨石撞击形成的。

大陨石撞击到地球后，会激起大量的尘土。较为细小的物质会飘浮在空中进入大气层，粗碎屑物质会落回到地面，在陨石坑的周围堆积出高高的边缘斜坡。岩石不仅会散落在撞击点的周围，冲击波还能使得周边的岩石受到冲击变质作用，改变它们的组成和晶体结构。最容易识别的冲击作用是碎裂锥，表现为岩石破裂成明显的圆锥状条纹样式，最易在内部构造很少的细晶岩石中形成，如灰岩和石英岩。

大型陨石撞击也能形成冲击石英颗粒，晶体表面上有明显的条纹。石英和长石这样的矿物当晶体受到高压冲击波施加的剪切力时，就能形成这些特征，并产生平行的破裂面，称之为叶片构造。全球的白垩纪—第三系（K-T）界限层的沉积物中广泛分布着冲击石英，这被认为是巨大陨石撞击

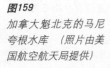

图159
加拿大魁北克的马尼夸根水库（照片由美国航空航天局提供）

图160
美国亚利桑那州温斯洛附近的流星陨石坑
（照片由美国地质调查局提供）

地球的证据，并很可能就此终结了恐龙时代。

随后的总结章会揭示在哪里和如何去发现恐龙化石以及其他的化石和矿物。

10

在哪里可以
发现化石和矿物

几乎在世界上任何地方都可以找到化石和矿物标本，这对于那些热衷于收藏这些东西的人来说绝对是令人高兴的事情。大多数的化石产生于古海洋沉积物中，当内陆海因海平面上升而淹没掉陆地时化石数量也会随之增加。大部分在沉积岩中发现的矿物都是来自于海水。每年有30亿吨的岩石被流水溶蚀然后进入海洋，这一过程足以使整个地球陆地表面在2,000年内降低1英寸（约2.54厘米）。大量的岩石溶蚀物被搬运到海洋之中也是海水为什么很咸的原因之一。海水中除了含有普通的食用盐外，同时也含有大量的碳酸钙、硫酸钙和二氧化硅。这些矿物通过生物或化学作用可从海水中沉淀出来，或者取代化石中的一些其他矿物或生物残骸。

图161
科罗拉多州梅萨佛得
国家公园，照片中的
悬崖为晚白垩纪砂岩
（照片由美国国家公
园管理局提供）

很多化石可以在废弃的石灰石采石场和砂砾石开采坑中找到，因为在这些地方的岩石暴露在地表且一般都已破碎。而大量的植物的根茎和叶子的化石可以在废弃的采煤坑中找到。由于很多废弃的金属矿是在含矿丰富的火成岩中开采的，因此在火成岩开采区（包括其他的一些花岗岩出露处）是找到结晶程度很好的矿物的理想场所。除此以外，在岩石露头（图161）、公路旁、河床两侧和海蚀崖等岩石出露部位也都可以收集到化石和矿物。

寻找化石

在富含化石的海洋沉积物露头处找到化石的可能性很大。在美国几乎任何地方都可以找到化石，因为在不同的地质历史时期，北美洲大陆曾处于汪洋大海之中，使得海洋沉积物得以富集。即使现在地势较高的内陆也曾淹没于内陆海之中（见图162），而且在深盆地中沉积有厚的海洋沉积物。当陆地抬升海水离去，剥蚀作用使得含有化石的海洋沉积物显露出来。

在石灰岩中最易找到化石，因为石灰岩在沉积形成过程中可以将海洋生

217

图162
北美洲白垩纪古地理
图，当时在北美洲大
陆内部存在一个巨大
的内陆海

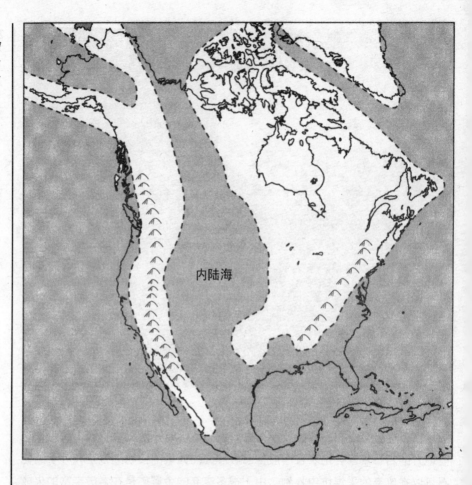

图162
北美洲白垩纪古地理图，当时在北美洲大陆内部存在一个巨大的内陆海

物的外壳和骨骼掩埋，经成岩作用而形成化石。大部分石灰石为海相沉积物，也有部分为湖相沉积。石灰岩约占所有出露地表沉积岩的10%。页岩是沉积岩中数量最丰富的岩石类型，其次是砂岩。

石灰岩多形成块状露头，它们呈典型的浅灰色或浅褐色（图163）。滴几滴浓度为10%的盐酸（可在化学药品店买到）可以进一步确认是否为石灰岩。在新鲜岩石表面，碳酸钙遇盐酸会产生剧烈的反应。这一反应也可测试含石灰石的泥岩和砂岩，因为它们含有碳酸钙胶结物。

化石中碳酸钙含量的多少取决于它们所沉积的水环境是否平静。称之为鲕粒的球形颗粒是在典型的动荡环境中沉积形成的，而泥晶灰岩则是在静水环境中形成的。静水沉积环境不受波浪和水流的干扰，整个生物体被掩埋于碳酸钙沉积物中，经成岩作用后形成石灰岩。在离海滨较近的动荡沉积环境中，生物体的外壳和其他硬质残骸被来回运动的波浪和潮汐弄碎，是形成鲕粒状灰岩不可缺少的条件。

　　大多数碳酸盐沉积物是在不超过50英尺（约15米）深的浅水环境，通常是富含海洋生物的潮间带沉积而形成。在阳光可以照射到的浅水环境中形成的珊瑚礁含有大量的有机体残留物。许多古老的珊瑚礁含有大量的含碳酸盐泥浆，其生物骨骼看起来像是漂浮在这些碳酸盐泥之中。

　　一些碳酸盐岩也可在较深的海水中沉积而形成，不过它们所含有的化石很少。能生成碳酸岩的最大深度受碳酸岩补偿区域的控制，最大深度一般为2英里（约3.2千米）。在这一深度以下，水温较低，水压很高，水中含有的大量的游离态二氧化碳会使沉积到这一深度的碳酸岩溶解，从而无法形成碳酸盐岩。

　　碳酸盐岩起初都为砂质或泥质碳酸钙。沙粒大小的颗粒是由无脊椎动物和含碳酸钙的壳状藻类的残骸所组成。这些残骸可通过各种机械方式破碎，例如海浪的拍打，水中生物的活动。沙粒大小的颗粒进一步破碎就形成尘状颗粒，继而产生含碳酸钙泥浆（有时称之为泥灰），这是碳酸盐岩最常见的组成物质。

　　在某些条件下，碳酸盐泥浆可溶解于海水中，之后又在洋壳其他地方以

图163
谢拉迪亚布洛悬崖底部山涧之中的本德组石灰岩，卡伯森县，德克萨斯州　（美国地质调查局提供，P.B.金拍摄）

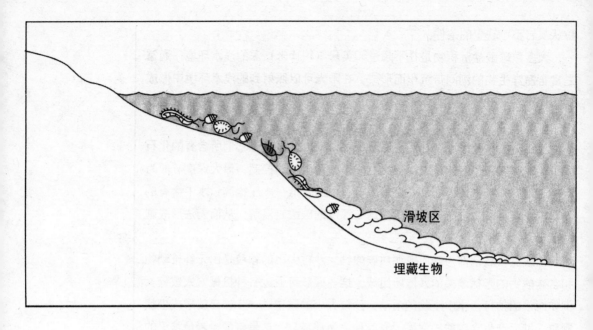

滑坡区

埋藏生物

图164
海底滑坡区的泥石流
沉积也是化石保存的
重要场所

方解石软泥的形式重新沉淀出来。如果溶解的碳酸钙是围绕着一个核心（如动物残骸、石英颗粒）呈环状沉淀，随着沉淀的进行环状区域会逐渐形成为一个沙粒大小的颗粒，称为鲕粒。

随着碳酸钙在洋壳表面沉积厚度的增大，在沉积层底部会产生很大的压力，进而使底部沉积层压实成岩，主要为石灰岩和白云岩。如果粒度较好的碳酸钙沉积物并未完全石化，则沉积物会转化为疏松多孔的白垩。如果沉积物中含有大量的生物残骸，则沉积物转换为贝壳灰岩，属石灰岩的一种。石灰岩通常会产生重结晶作用，这一作用是通过原岩中结晶颗粒溶解后再结晶而完成的。石灰岩中的化石也会产生重结晶作用，重结晶作用会破坏化石的内部结构。

页岩和泥岩在沉积岩中占有量最多，它们之中也含有化石。页岩和泥岩主要是由地壳中含量最高的长石风化后的产物形成的。另外，几乎所有的岩石在特定的条件下都会被成磨蚀成黏土颗粒大小。由于黏土颗粒很小，在水中下沉很慢，它们经常会被运移到远离海岸的较平静和水深很大的环境中。在沉积层压力的作用下，沉积颗粒之间的水被排出，黏土石化为页岩。页岩可通过其薄的、易破裂的岩层来识别。埋藏于黏土中的有机质可被压缩成薄的碳化残留物或印痕。

深水环境一般为不流动的厌氧环境。岸边海水周期性的涨落可能导致泥浆流进入较深的水域，此时水中生存的生物体可能被泥浆流掩埋并随之沉积到更深的海底（见图164）。这里缺少食腐动物，所以很多生物残骸被很好地保存下来。随着泥浆被压实成为坚硬的岩石，埋藏其中的生物体也被压扁成为黑色的碳化薄片。以这种方式保存下来的化石也能将生物体较软的部位保存下来，但没有在石灰岩中保存的完好。

较粗糙的砂岩类沉积物一般没有石灰岩和页岩所含的化石多，这可能是由于这些沉积物以较高的流速进入水底，使得水底生物不能在此区域生存。在砂岩沉积区域很少能发现洋底生物的化石，但在发生海底滑坡等情况下，整个生物群落都可能被掩埋于砂岩层之中。

在砂岩中可以找到很好的陆生生物化石和印痕（图165）。动物在潮湿地表会留下很深的脚印，这些脚印被沉积物（例如风所吹起的沙子）填充，之后又被掩埋，经成岩过程转化为砂岩。这些动物的脚印化石，特别是较大恐龙的脚印化石，可以记录它们的迁移路线。当印痕表面的砂岩被剥蚀，填充在印痕中较软的物质被风化掉，那么一系列清晰的脚印痕迹就显现出来了。

寻找矿物

大部分具有收藏价值的矿物晶体都是在火成岩中找到的，有一些是在沉积岩中，只有少部分是在变质岩中发现的。许多金属矿都赋存于火成岩之中，所以火成岩中蕴藏了世界上最丰富的矿物晶体。大部分火成岩都含有两

图165
砂岩中巨大的树叶化石，由科罗拉多州纽卡斯尔城考耶尔煤矿的工人发现（美国地质调查局提供，H.S.盖尔拍摄）

种或者更多种矿物，例如花岗岩几乎全由石英和长石组成，只含有少量的其他矿物。花岗岩在地壳深部形成，其结晶速度受控于岩浆冷却速度和可用的空间。

大的矿物晶粒一般出现在较大的岩浆冷凝体（如岩基）中，也可由含有大量挥发性物质（如水与二氧化碳）的岩浆所形成，后者一般出现在小的岩浆冷凝体（如岩墙）中，见图166。岩浆在地下围岩中的冷却要经过数百万年，在这个过程中，矿物晶体逐渐从岩浆体中析出而侵入围岩之中。

如果花岗岩的晶体颗粒很大，则称之为花岗伟晶岩，它是世界上大部分的单矿物晶粒的主要来源。花岗伟晶岩不光含有大颗粒的矿物，同时也含有晶粒较小的稀有矿物。花岗伟晶岩通常含有石英脉，石英脉和周围的长石基质以不同的角度交接在一起，就像埃及象形文字一样。因为这一原因它又被称为文象花岗岩，在花岗伟晶岩发育地区可以找到大量的这种迷人的岩石。

花岗伟晶岩通常容易裂成扁平薄片或呈扁豆状。它们的分布范围从几英寸到几百英尺不等，个别花岗伟晶岩可追踪延伸几千米的范围。在很多花岗

图166
蒂尔蒂尔山谷底部呈垂直产状的闪长岩体，侵入体为埃尔卡皮坦花岗岩岩墙。拍摄于加利福尼亚图奥勒米县约塞米蒂国家公园（美国地质调查局提供，F.E.玛希斯拍摄）

岩露头处都含有花岗伟晶岩，它们在美国东部和西部山区很常见。

普通花岗伟晶岩主要由石英和微斜长石组成。它的单个晶粒可从1英寸（约2.54厘米）变化到很大的尺寸（图167），重量甚至可以吨计。迄今为止发现最大的单个石英晶体重达数千磅。据报道，缅因州发现了晶体长度达20英尺（约6米）的微斜长石。一些花岗伟晶岩中含有宽度达10英尺（约3

图167
康涅狄格州哈特福德县格拉斯顿伯里附近的一个采石场发现的巨型长石晶体，产于伟晶岩之中。个别晶面上涂有黑漆，以更好地显示其晶形（美国地质调查局提供，E.S.巴斯汀拍摄）

米）的像书本一样的层状云母。同时，大的斜长石晶粒（称之为钠长石）也以扁平状或板状形式存在于花岗伟晶岩中。

一些不寻常的花岗伟晶岩含有很多大的结晶矿物，绿玉、电气石、黄玉和萤石是其中最为常见的。很多矿物，例如磷灰石、独居石、锆石等，在花岗岩中通常只能结晶形成微斜长石，而在花岗岩伟晶岩中可以结晶成特别大的矿物晶粒。花岗伟晶岩矿在世界各地被广泛开采，它们主要被用于陶瓷业。在俄罗斯卡雷利亚地区，数以千吨计的长石矿物都是从数个巨型的矿物晶体中开采出来的，这些矿物晶体个头之大绝对可以入选吉尼斯世界纪录了。

其他一些工业用矿物，包括放射性矿物，也主要来自于花岗伟晶岩。与超导体制造业有关的许多矿物和一些稀有矿物都与花岗伟晶岩相关。这些矿物晶粒在花岗伟晶岩中可以结晶成很大的颗粒。例如在南达科他州布莱克丘陵地区发现的锂辉石可达40英尺（约12米）长，在缅因州奥尔巴尼发现的绿柱石晶体足有27英尺（约8.1米）长，6英尺（约1.8米）宽。

火山爆发提供了很多种类的凝灰岩，矿物收集者可以很容易发现这些岩石。古老的火山熔岩流可能含有深绿色或黑色的玻璃状物质——黑曜石。一些熔岩流可能含有被沸石充填了的小孔洞或气泡。沸石意为"像开水一样的岩石"，因为它们是在玄武岩冷凝过程中水分因过高的温度沸腾而蒸发掉后形成的。粗面岩（玄武岩中的玻璃质成分）中通常包含形状很好的长石晶粒，它们沿着熔岩流方向排列。岩浆岩中的蛇纹岩较软，易被打磨成各种形状，通常被加工成各式的装饰品。之所以称之为蛇纹岩是因为它们通常含有像蛇身一样的绿色斑点花纹。

方解石（石灰岩的组成物质）是主要的海水沉积矿物。在某些条件下，方解石可形成很大的具有光泽的结晶颗粒。在纽约州斯特灵布什发现了一个长43英寸（约1.1米），重约半吨的方解石晶粒。方解石晶粒在洞穴中可长成长的呈锥形的晶粒，就像狗的牙齿一样，称为犬牙式晶体。在含矿物的泉水中也可沉淀出呈层状的碳酸钙——钙华，因为其上布满了小孔，所以看起来很像瑞士奶酪。特别纯的方解石晶粒有着很好的光学特性，它们已经被用于岩相学显微镜和航空炸弹瞄准器中。

在石灰岩洞穴，漂亮的钟乳石悬挂在洞顶，而石笋则紧贴地表（图168）。它们很像长的方解石"冰柱"，这些方解石是由渗入岩石的酸性水沉积而形成。钟乳石又称为水滴石，因为它们是由溶解有碳酸钙的水滴经碳酸钙沉积而形成。这个沉淀过程非常缓慢，钟乳石和石笋长一英寸（约2.54厘米）需要上百年的时间。有时，钟乳石会与其下方的石笋连接而成为一个柱体。

很多洞穴中也含有精美的呈扭曲状的方解石和文石——卷曲石。它们的形成过程与钟乳石差不多，只是由于水在其表面运移太慢，不能形成枝状的洞穴沉积物，而是呈扭曲状。当水分运移到卷曲石的顶部后就会蒸发掉，因此卷曲石不是沿直线结晶而是以曲线型和螺旋型方式结晶。文石与方解石物质组成差不多，只是它们的晶体结构不一样，文石通常形成比较粗糙的针状卷曲石。

有些洞穴沉积物，包括洞穴珊瑚，是因为渗水路径太小以至于不能在洞

图168
新墨西哥州埃迪县卡尔斯巴溶洞中的钟乳石（美国地质调查局提供，W.T.李拍摄）

穴内壁形成水滴。这时，水分运移到洞穴内壁后就会蒸发掉，水分中所含的矿物就沉积下来，呈现出像爆米花、葡萄、马铃薯和花椰菜的形状。当水沿着倾斜的洞穴表面流下时会形成呈层状的方解石沉积物。一种称为流岩的方解石岩床是由较大的水流沿着洞穴表面流动而形成的。在水下洞穴中，例如墨西哥尤卡坦半岛的洞穴，也可形成精美的中空的钟乳石，称为管状钟乳石。这些钟乳石经历了上百万年时间才得以形成，却脆弱得经不起潜水员的触碰。

以含水硫酸钙为主要成分的厚层状石膏矿床也是常见的沉积岩之一（图169）。内陆海水蒸发掉后形成的沉积物经成岩作用通常会产生石膏。俄克拉荷马州和北美洲的其他内陆一样都曾在中生代被海水侵入过，所以出产大量的石膏矿床，石膏主要被用于制造墙板。海水蒸发后的沉积物中含有大量的岩盐，它们在世界各地被广泛开采。石膏通常可以结晶成具有波浪形的双晶，它们遇热或受压后会失去水分而成为硬石膏。硬石膏遇水后会再次转化为石膏。当大量石膏一起受压就会形成雪花石膏，雪花石膏常被雕刻成花瓶和其他各种装饰物。

沉积岩中通常含有矿物结核，它们呈现不同的形状、大小和颜色。如果结核是空的并在里面发育有成排的玛瑙或其他晶体，我们就称之为晶球。将晶球切开，里面就会出现一些小的很亮的晶粒或者出现五颜六色的条带状玛瑙（图170）。当由蛋白石和玉髓组成的晶粒发育于玄武岩中较大的孔洞时

图169
蒙大拿州保德河县碳质页岩中发现的石膏晶体（美国地质调查局提供，C.E.杜宾拍摄）

图170
绿玻璃中产出的硅质
晶球，三个晶球含有
的矿物类型各不相
同。左为蛋白石和玉
髓；中为Dugway晶
球，经海水冲刷磨
蚀；右为带状玛瑙，
晶球中空部分发育石
英晶簇（M.H.斯岱茨
拍摄）

也可形成晶球。将晶球切开然后打磨，可以制作出很多非常漂亮的标本。

当长石风化后形成的黏土被埋在地表较深部位后，在极端的温度和压力下可重结晶转化为白云母、石榴石和其他的一些变质矿物。当岩石与侵入地壳的岩浆接触时会发生变质作用，这一过程称之为接触变质。在变质过程中，沉积岩和火成岩会发生重结晶作用而生成更大的矿物晶粒，矿物化学成分也可能发生改变，此时新矿物会取代旧矿物。在接触变质带可找到一些石榴石、绿帘石和透辉石晶体。

地质图

对地质图有一个基本了解有助于你快速地找到化石和矿物。所有的化石和矿物都赋存于特定的岩石类型中，它们本身也是岩石的重要组成部分。某些地质构造可产出特殊的与之相关的岩石类型，通过追踪这些地质构造（通常具有一定的延伸范围）可以找到我们想要的岩石。通过仔细观察地貌特征，我们可以推断这里会含有什么样的岩石。裸露的山体和山谷是我们观察岩石露头的良好场所。

地貌是指地表的一些基本形态特征，包括陡崖、丘陵、山谷、高原和盆地等。地貌通常可反映构成其物质成分的岩石是何种类型，而了解岩石类型有助于我们判断岩石中是否含有具收藏价值的化石或矿物。所有地貌都是由地表物质经堆积和剥蚀过程联合作用而形成。地貌和地质构造方面的知识在探寻矿物和岩石时起着非常重要的作用，这些知识也有助于解释一个地区的地质演化历史。

　　地球表面经受着各种地质营力的改造，因而也造就了各式各样的地质构造。因为强大的板块构造运动，地壳的抬升和遭受剥蚀以及灾难性的崩塌滑坡等，地表形态一直都在变化。源于板块碰撞、火山活动和地表运动的地质构造形成了许多不寻常的地表形态。壮观的地表形态正被永不停止的风化剥蚀作用改变着，它们削低高山，掏蚀出很深的河谷。被河流搬运到海洋的沉积物经成岩作用又转化为坚硬的岩石，当海底抬升成为陆地，这些岩石就会暴露于地表。这些地质现象的出现都归功于强大的构造营力，它们是大自然的雕刻师。

　　抬升和剥蚀的巨大力量产生了绵延的山脉（图171），其中一些高耸入云。由于受到强烈的挤压，山体核心部位的岩层通常变形强烈。山脉之中包括各种由于褶皱作用、断层断裂、火山活动、岩浆侵入和变质作用所产生的极其复杂的内部构造。大陆碰撞能够形成非常壮观的褶皱山系，还有巨大的断层横切整个山体，那里是寻找化石和矿物绝佳的地点。

　　火山同样也可以生成连绵不断的山脉，它们是永不停歇的构造运动中极端化的表现形式，自地球诞生之日起就担当起了改造其表面特征的重要角色。超过3/4的地表及海底地形都与火山作用直接相关。火山是地球所有活

图171
白雪皑皑的落基山顶，位于科罗拉多州特柳赖德附近（美国地质调查局提供，W.克劳斯拍摄）

动中最为壮观的，它们向地壳添加着新物质，改变着地表景观，所以火山的喷发对大陆的增长起到了非常大的作用。死火山口汇聚雨水以后通常形成高山湖泊，这些湖泊不仅海拔高，深度也很大。

改变地球表面形态的地质营力还包括水流和波涛等。流动的水流改造地形的能力要强于其他任何一种自然力量。风化、顺坡运动和河流共同改造着大陆。覆盖在地表的沉积盖层主要通过侵蚀作用形成，这种作用能将高地改造成峡谷，台地变成山谷。河流通过侵蚀山谷形成水系，一刻不停地对当地的气候、地形和岩石特征进行着改造。即使在最干旱的地区，主要的地质形态还都是依赖溪流的侵蚀。风是沙漠形成和改造的主要地质营力，并为沙丘的移动提供动力。沙漠中常见的巨大尘暴和沙暴同样对塑造干旱地区景观起到重要作用。

河流在从源头流向大海的途中不断地改造着沿路的风景，高山和陆地被侵蚀成河谷，巨量的剥蚀物被河水带入大海，沉积在河口和海岸附近。海岸是大陆与海洋的交界线，在这里发生的地质作用其规模和速度都是人们所无法想象的。世界各地的海岸也不尽相同，在气候、地形和生物特征等方面都各具特色。

地形可以通过地形图来直观地反映出来，你可以从中识别出地表形态和高程的变化。地形图由等高线组成，每一条等高线代表一个高度（图172）。等高线可以丰富地图的内容，你不光可以知道地域的分界，还可以想象出地形的简单三维形态。对于地质学家和土木工程师来说，地形图所提供的高程变化作用很大，尤其在判断地质构造是否随时间产生了巨大的变化，如海滩和海岸悬崖的剥蚀。通过仔细地阅读地形图，再结合一定的地质知识，你不光可以知道现今的地表特征，甚至还可以推测出形成这些地表特征的地质作用和事件。

地形图有着重要的军事、科学和商业用途，美国地质调查局（USGS）将美国大部分地区都填了图，公众可以自由使用。在美国的标准地形图上1英寸代表1英里，各种自然景观和人造建筑在图上通过不同的小符号来表示。一般的地图都采用彩色印刷，等高线为棕色，植被为绿色，蓝色表示水体，高速公路和边界线用红色，人工建筑用黑色。

早期的地图主要依赖于大规模的地表实测，耗时长而且不够精确。而现今在高科技的帮助下，地图的制作更加省时省力。首先对一块区域进行航空拍摄，后期经野外精度检测后就能得到一份非常可靠的地图。航拍一般由两

图172
圣海伦斯火山喷发
 （1980年5月）前的地
形简图

架航空相机组成，称为立体成像组合。两架相机的航线和拍摄角度各不相同，结合在一起就能形成地表的三维影像。而地形图的制作只需要通过选择图像中相同高程的点连接成线即可。地表的三维影像也可由卫星拍摄完成，同样是对同一地区不同角度拍摄照片的合成。

标有等高线的地图经常会用不同颜色来凸显地貌特征。最常用的等高线间隔是10或20英尺（3或6米），在多山地区，这种间隔会放大到50或者100英尺（15或30米），防止在陡峭的斜坡上等高线太密集；而在非常平坦的区域，间隔就会非常小了。通常情况下，每隔4条等高线就会稍微加深一条线的颜色，用来突出。这些图的精度必须达到一平方英寸（约6.45平方厘米）的小块中90%的精确度，而且保证在等高线1/2间隔内的地质特征的高程也是正确的。

宽泛而平坦的等高线代表着起伏平缓几乎没有斜坡的地表，而紧挨着的不规则等高线代表着崎岖陡峭的地形。图上能够轻而易举的根据不同的等高线特征识别出山峰、山谷、峡谷、山脊和绝壁等地质特征。一系列集中的闭合曲线（圆心处高程最大）代表着山峰；而山谷和峡谷则是一系列向拐点方向高程逐渐增大的U型或V型的线条；山脊和绝壁是由长而平行的紧密等间距的等高线所组成；盆地和凹地等高线形式与山峰类似，在等高线上标以指向圆心的箭头而与后者相区分。

化石最主要的用途之一就是用来厘定岩石的地质年代，进而为地质图的编绘提供帮助。地质图能够显示地表不同的岩石类型，一个地质时代通常会有不同类型的岩石出露，通过平面地质图的编绘，可以帮助我们认识某一地区某个时代所发生的地质事件。地质图主要用于显示地球表面岩石的分布状况，指示岩石系统的相对地质年代及接触关系，并帮助我们描绘岩层向地下延伸的情况。通常这些信息都是通过少数的岩石露头获得的，然后通过合理的外推得到更大范围的地质概况。世界上第一张地质图是英国地质学家做出来的，那时候的主要用途是勘探煤矿。在早些时候的美国西部，一些地质学的先驱们绘制了范围更大的地质图，而当时他们唯一的交通方式就是骑马。

现代的地质图是地质观测和实验测量相辅相成的，但还是会受岩石出露情况、交通状况以及人为因素的影响。区域地质图上体现的是岩石类型、构造和地质年代，这些都是重构区域地质历史的最基本元素。有了地球物理数据辅助确定地下构造，重新绘图显得更加重要，因为清楚地认识岩石分布特征和构造特征可以帮助我们更快更准确地寻找地下蕴藏的丰富矿产资源。

航空和卫星遥感技术作为传统地质图绘制方法的延伸，能够帮助我们更有效地获得区域范围内的构造和岩性信息。在岩石出露较好的地区，航空和卫星成像可以更好地做到这一点，因为主要的构造现象和岩石特征都可以清晰地反映在照片之上。通过这种方法，我们可以获得大尺度范围的地质图，包括那些条件艰苦无法进行野外踏勘的地区。

地表上长的线性延伸称为线性构造，是影像中最为明显也最为有用的地质特征之一，主要代表了地壳上的薄弱带，一般是断层作用形成。线性构造结合一定的倾角和倾向，对于编绘地质图来说是非常重要的元素。即使在地表侵蚀严重的地区，线性构造一般也能够被识别出来。

在航片中还可以识别出其他的地质构造，如穹隆产生的环形构造、褶皱、岩浆侵入体，以及节理、断裂模式和其他侵蚀特征。能够指示矿产和石油的构造特征有褶皱、断层、特殊岩层的走向和倾角，也包括线性构造、地貌特征、水系分布及地质异常体。

河流水系样式提供了区域地质构造特征的重要信息，河流与其切割出的山谷组成网络，根据不同的区域地层特征而形成不同的水系样式。如果某个地区的岩石组成单一，并且不控制山谷生长的方向，水系的样式则以树枝状为主（图173）。树枝状水系常见于花岗岩质和水平展布的沉积岩分布区。

格状水系整体呈矩形，反映了不同岩石抵抗侵蚀能力的不同，干流和主要的支流在下伏褶皱岩石之上沿最小的阻力方向上平行分布。长方形的水系样式也发育在产生交叉破裂的基岩之上，因为那里会产生不耐侵蚀的薄弱带。如果水流从地形上的高点上如火山或者穹隆向四周流下，会形成放射状的水系样式。

确定一个地区地质特征最好的方法就是观察当地的地势起伏特点和河流

图173
布满希拉砾石的树枝状水系，亚利桑那州希拉县（美国地质调查局提供，N.P.彼得森拍摄）

的水系样式。在基岩出露区，水系样式不仅能反映下伏岩石的岩性特征，还能看出岩层的产状以及薄弱面的展布规律。岩石表面的颜色和构造特征也是判断岩性的重要因素。

像穹隆、背斜、向斜和褶皱这样的地貌具有指示地下岩层构造的作用。不同的水系分布反映不同的地表岩石性质和岩石类型，水系的密度也是岩石性质特征的指示标志。水系密度可以因基岩粒度的变化和泥沙的粗细程度不同而变化。任何水系特征的突然改变都有着极其重要的作用，它代表着两种岩石类型的交界，也可能预示着有矿床侵位。

采集化石和矿物

地质学是少数几门即使初学者也可以对其发展做出切实贡献的学科之一，不仅成名的科学家可以做出重要发现，严谨的入门地质学家也能够做出令人激动的发现，一直以来都是如此。当然，采集化石和矿物过程中一些预防措施还是要注意的：当你在诸如国家公园、国家纪念碑、野生绿地和州立公园之类的公共地域寻找目标时，务必询问一下公园管理人员有没有什么限制规定等，如果在私人土地上就必须获得土地所有者或矿主的许可，另外有些州需要执照才能采集化石。

需要特别注意的是，在那些正在进行科学研究的地区，最好不要随便进行采集，除非你经过了专业人员的许可。在一些大的古生物挖掘现场，经常可以看到业余的化石搜寻者与职业人员一同工作，他们为寻找恐龙化石和其他一些化石贡献了自己的一份力量。一些机构给了这些对古生物有兴趣但是没有接受培训的人野外考察的机会，有些博物馆和公园甚至让游览者也参与到古生物挖掘之中。同时，在世界各地，有很多志愿工作者对科学研究做着力所能及的贡献。

如果你想开始一段探索之旅，最好从图书馆开始。许多图书馆中都有地质路线指南和其他的详细介绍路线的书，还有一些为业余爱好者介绍化石和矿物采集知识的书。大多数州的矿产局、美国矿业局、美国地质调查局和国土管理局也能提供一些有用的信息。你也可以求助于开设有地质系的学院和大学或者自然历史博物馆，当然，听取其他采集者的经验之谈是最直接而且颇为有效的方式。一般情况下，户外用品店是购买专业书籍和装备以及与寻宝人交流信息的绝佳去处。

小工具是成功采集岩石的必需品，可以从家中找到或者在去附近的五金店购买。地图、罗盘、笔记本或野外指导书可以帮助你轻松地找到目的地。锄子、地质锤和合适的凿子主要用于破碎块状的岩石，分离页岩需要泥铲或大点的刀。雪橇锤、铁锹和撬杆用于挖掘岩石，用筛子或滤网筛选松散沉积物。手持的放大镜用于观察微小样品，绘画刷、牙刷或扫帚能够使作业面保持清洁。你还需要一些大小不同的样品袋和报纸将发现的宝贝仔细地包好，别忘了在样品上写上标识，比如发现时间和地点。最后，将它们统统放入背包，回家的路上小心驾驶，防止剧烈的颠簸。

回到家后就可以打开包装，将样品进行彻底的检查和清洁。在野外不要这么做，不仅浪费时间，而且容易使样品受到破坏。化石可以用清洁液和水来冲洗，外围的岩石可以用小刀、凿子或锯子去除，而清理小样品需要锋利的尖头工具。对付那些包裹在灰岩中的样品，可以将其浸泡在盐酸或硫酸的稀释溶液中，但需要注意掌握时间。

在波特兰市，由于城市和道路建设需要大量以灰岩为主要原料的混凝土，所以其乡野村间处处可见灰岩的采坑（图174）。不光是在波特兰市，

图174
阿拉巴马州富兰克林县的一处石灰岩采石场（美国地质调查局提供，E.F.伯查德拍摄）

图175
1903年的里尔和文迪
凯特矿，位于科罗拉
多州克里普尔克里克
矿区（美国地质调查
局提供）

美国其他地方也有很多这样的石灰岩采石场。这些采石场是采集化石的理想地点，因为炸药和机械手将巨厚的岩层裸露出来，大大增加了发现化石的几率。将大块的石灰岩敲碎，在断面上仔细寻找，幸运的话就能够发现化石，通常数量丰富的贝壳化石是最容易被发现的。

　　煤炭形成于远古时期的沼泽环境，那里有着丰富的动植物群落。所以在开采煤炭的地方你也能很容易地找到化石，大部分是植物化石。远古的植物埋入地下以后经过一段时间的压实作用成为泥煤，在不同的埋藏环境下可进一步演化成褐煤、烟煤或无烟煤。大多数的植物化石标本为茎和叶的碳化印模，常见于易剥离的煤层或与其共生的页岩和泥岩层中。一些煤层或页岩之中含有具收藏价值的矿物，如准宝石级的矿物——煤玉。它是一种成分结构比较特殊的煤，质地坚硬，经打磨后可呈现出如宝石般的华丽光彩。

　　美国西部有很多废弃的矿坑（图175），是非常好的奇石和矿物采集点。事实上，博物馆或其他收藏者手中的很多精品矿物标本多数都是在采矿的时候发现的，如前文述及的最大的晶体就是在花岗伟晶岩矿里找到的。开放的矿坑提供了大量的岩石露头以供搜寻矿物晶体，废弃的地下矿坑残留的矿渣也是另一个矿物收集源。在挖掘采矿巷道的时候，往往会经过一些发育完好晶体形态的岩石地层，而这些矿物对采矿者来说只是一些漂亮的挡路石而已。它们被丢弃在矿渣之中，就等着你去发现。一旦采矿者发现矿体，他

图176
从莫哈维波因特观赏大峡谷的美丽景色
（美国国家公园管理局提供，乔治A.格兰特拍摄）

图177
亚利桑那州大峡谷的重要组成部分——苏佩组岩层的剖面图
（美国地质调查局提供）（见下页）

们会尽一切手段最大限度的进行开采，如果保护措施力度不够的话会带来很严重的后果，比如地表塌陷和地震。所以野蛮式的过度开采是应该被严格禁止的。

　　公路沿线的露头可能是最容易到达的矿物采集点了，采集者只需要在路边就能进行化石和矿物的采集工作，不过需要时刻留心路上高速行驶的车辆。公路、铁路和隧道等工程为地质学家们提供了非常好的岩石露头，对地质研究来说意义重大。美国很多地区的地质填图就是依靠这些道路工程沿线的岩石露头才得以完成的。在灰岩或页岩区，化石是主要的搜集对象；在火成岩或变质岩区域，漂亮的矿物晶体应该是你的主要目标。表11（见P238）提供了美国一些动植物化石分布相对集中的地点。

236

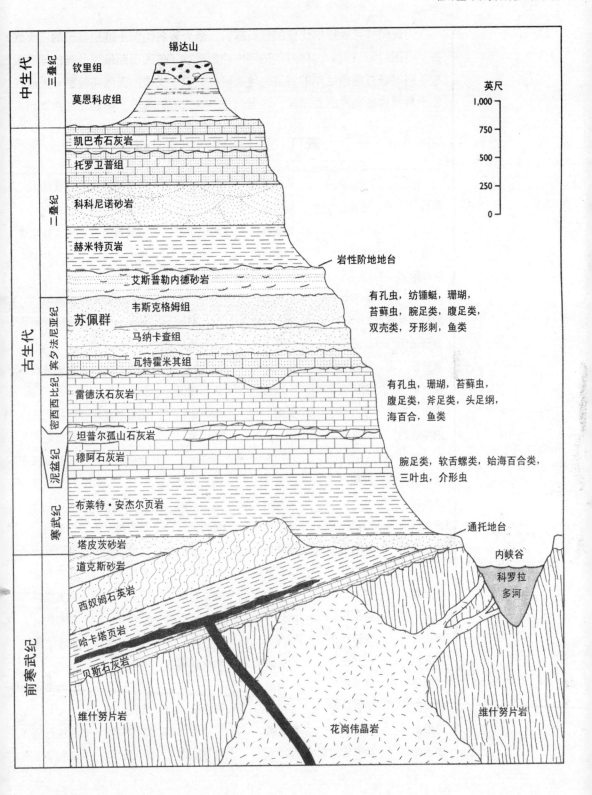

中生代
　三叠纪
　　锡达山
　　钦里组
　　莫恩科皮组

英尺
1,000
750
500
250
0

古生代

二叠纪
　凯巴布石灰岩
　托罗卫普组
　科科尼诺砂岩
　赫米特页岩
　艾斯普勒内德砂岩

宾夕法尼亚纪
　苏佩群
　　韦斯克格姆组
　　马纳卡查组
　　瓦特霍米其组

岩性阶地地台

有孔虫，纺锤蜓，珊瑚，
苔藓虫，腕足类，腹足类，
双壳类，牙形刺，鱼类

密西西比纪
　雷德沃石灰岩
　坦普尔孤山石灰岩

泥盆纪
　穆阿石灰岩

寒武纪
　布莱特·安杰尔页岩
　塔皮茨砂岩

有孔虫，珊瑚，苔藓虫，
腹足类，斧足类，头足纲，
海百合，鱼类

腕足类，软舌螺类，始海百合类，
三叶虫，介形虫

通托地台

内峡谷

前寒武纪
　道克斯砂岩
　西奴姆石英岩
　哈卡塔页岩
　贝斯石灰岩
　维什努片岩

科罗拉多河

花岗伟晶岩

维什努片岩

237

河流同样可以提供优良的岩石露头，最为著名的例子就是美国的"大峡谷"（图176、177）。亿万年的河水冲刷造就了美国西部最为壮美的地质景观，同时峡谷两侧巨厚的岩层为地质研究提供了优质的天然实验室。大峡谷位于科罗拉多高原的西南角，这是一片一望无垠的高地，南起亚利桑那州，

表11　美国各州的化石分布

	德克萨斯	马萨诸塞	宾夕法尼亚	堪萨斯	俄亥俄
菊石	西弗吉尼亚	蒙大拿	弗吉尼亚	路易斯安那	俄勒冈
		新泽西	华盛顿州	密西西比	宾夕法尼亚
阿拉巴马	**头足类**	新墨西哥		密苏里	德克萨斯
阿拉斯加		俄克拉荷马	**昆虫**	蒙大拿	弗吉尼亚
阿肯色	科罗拉多	田纳西		内布拉斯加	华盛顿
加利福尼亚	特拉华	德克萨斯	阿拉斯加	俄亥俄	西弗吉尼亚
伊利诺伊	佐治亚	犹他	加利福尼亚	宾夕法尼亚	
堪萨斯	密歇根	怀俄明	科罗拉多	德克萨斯	**鲨鱼牙齿**
蒙大拿	密西西比		伊利诺伊	弗吉尼亚	
内布拉斯加	密苏里	**鱼类**	堪萨斯	华盛顿州	阿拉巴马
内华达	西弗吉尼亚		蒙大拿		阿肯色
新泽西		阿拉斯加	新泽西	**硅化木**	加利福尼亚
俄克拉荷马	**珊瑚**	阿肯色	俄克拉荷马		科罗拉多
俄勒冈		加利福尼亚		亚利桑那	佛罗里达
南达科他	阿拉巴马	康涅狄格	**猛犸象**	加利福尼亚	马里兰
德克萨斯	加利福尼亚	堪萨斯		科罗拉多	密西西比
	佐治亚	马萨诸塞	阿拉斯加	爱达荷	纽约州
腕足类	伊利诺伊	新泽西	佛罗里达	堪萨斯	俄克拉荷马
	密歇根	纽约州	内布拉斯加	蒙大拿	俄勒冈
阿拉巴马	密西西比	俄亥俄	纽约州	内布拉斯加	南卡罗来纳
阿肯色	纽约州	德克萨斯	南达科塔	内华达	
加利福尼亚	宾夕法尼亚	弗吉尼亚		俄克拉荷马	**三叶虫**
科罗拉多	德克萨斯		**乳齿象**	俄勒冈	
佐治亚	弗吉尼亚	**腹足类**		南达科他	阿拉巴马
爱达荷	西弗吉尼亚		佛罗里达	德克萨斯	加利福尼亚

（续表）

洛瓦		阿拉巴马	内华达	华盛顿州	爱达荷
马萨诸塞	**海百合**	加利福尼亚	新泽西	怀俄明	伊利诺伊
密苏里		科罗拉多	纽约州		印第安纳
蒙大拿	科罗拉多	特拉华	俄亥俄	**植物**	洛瓦
内布拉斯加	洛瓦	佐治亚			堪萨斯
新罕布什尔	密苏里	密西西比	**软体动物**	阿拉巴马	马萨诸塞
新泽西	蒙大拿	密苏里		阿肯色	明尼苏达
纽约州	纽约州	新罕布什尔	阿拉巴马	加利福尼亚	密苏里
俄亥俄	俄克拉荷马	俄勒冈	阿拉斯加	科罗拉多	内布拉斯加
俄勒冈	俄勒冈	宾夕法尼亚	马萨诸塞	佐治亚	新罕布什尔
宾夕法尼亚	宾夕法尼亚	田纳西	密西西比	伊利诺伊	纽约州
田纳西	德克萨斯	德克萨斯	新泽西	印第安纳	俄亥俄
弗吉尼亚	弗吉尼亚	西弗吉尼亚	纽约州	洛瓦	宾夕法尼亚
西弗吉尼亚	西弗吉尼亚		俄勒冈	堪萨斯	田纳西
	怀俄明	**笔石**		肯塔基	佛蒙特
苔藓虫类		阿拉巴马	**瓣腮类**	马萨诸塞	弗吉尼亚
	恐龙	堪萨斯		密西西比	华盛顿州
阿拉巴马		爱达荷	阿拉巴马	蒙大拿	西弗吉尼亚
佐治亚	亚利桑那	缅因	科罗拉多	新墨西哥	
内布拉斯加	科罗拉多	纽约州	特拉华	北卡罗来纳	
宾夕法尼亚	康涅狄格		佛罗里达	北达科塔	

北至犹他州，西至科罗拉多州和新墨西哥州，是伴随着落基山的隆升而形成的。大峡谷的岩石形成于数亿年前，厚度可超过一英里（约1.6千米）。

在一两千万年前，科罗拉多河就开始侵蚀这里的沉积层，将大峡谷底部的基岩逐渐剥蚀出来。巨厚的沉积岩层要经过亿万年历史才能形成，而河水在很短的时间内就能将其破坏，沉积物被带入大海，留下来的是两侧陡峭的岩壁。在峡谷的岩壁上存在着一个巨大的不整合，是美国一处非常有名的地质景观。在不整合面之上是相对年轻的地层，而不整合面之下的岩层则要古老得多。

最易于收集化石的地方是山脚下的山麓碎石堆或浮石，这里的沉积物多是质地松软的岩石风化物。灰岩的耐风化性比较弱，经过一段时间的风化侵蚀，其中含有的化石就会散落在原地。在废弃的灰岩矿坑中也很容易发现化石，这里的灰岩碎块往往含有丰富的化石。如果在一块岩石中发现了一个非常好的化石标本，那么你需要借助一些工具小心地将其切割、凿刻。在这个过程中，必须非常谨慎，因为这些大自然封存了亿万年的化石相当脆弱。

专业术语

aa lava 渣熔岩：一种块状玄武质熔岩

abyss 深渊：深海，深度一般大于1英里（约1.6千米）

acanthostega 棘鱼类：一种已灭绝的远古两栖类动物，繁盛于古生代

agate 玛瑙：由细粒石英组成、具有多彩条带状花纹的玉髓，通常出现在岩石的孔洞中

age 期：地质年代单位，比世（epoch）小一级

amber 琥珀：古代树木分泌的树脂埋入地下以后，经过一系列化学变化，失去挥发分后硬化而成

ammonite 菊石：繁盛于中生代的头足类，具有螺旋形的壳

amphibian 两栖动物：一种介于鱼类和爬行类之间的脊椎动物，冷血、四足

amphibole 角闪石：化学成分复杂的石英族矿物，含有钙、镁和铁等元素

andesite 安山岩：一种介于玄武岩和流纹岩之间的火山岩

angiosperm 被子植物：以种子繁育后代的有花植物

anhydrite 硬石膏：无水石膏，一种硫酸钙矿物

annelid **环节动物**：蠕虫状无脊椎动物，以分节的身体为主要特征

aragonite **文石**：碳酸钙矿物，化学成分同方解石相似，具有不同的晶体结构，密度和硬度均高于方解石

archaeocyathan **古杯动物**：一种前寒武纪生物，类似海面和珊瑚，是形成早期石灰岩礁体的主要生物

Archaeopteryx **始祖鸟**：生活在侏罗纪的一种鸟类，个头与乌鸦相当，具牙齿和骨质的尾

Archean **太古宙**：寒武纪之前的一个地质年代，时间为40～25亿年前

arkose **长石砂岩**：一种含有大量长石的粗粒砂岩

arthropod **节肢动物**：无脊椎动物中最大的一个门类，包括甲壳类和昆虫，以分节的身体和外骨骼为主要特征

augite **辉石**：最常见的一种辉石类矿物，是火成岩中暗色矿物的主要组成部分

Baltica **波罗的古陆**：古生代时的欧洲古大陆

basalt **玄武岩**：一种暗色火山岩，富镁、铁，在熔融状态时流动性很好

basement **基岩**：沉积物剥蚀后暴露出来的岩体，包括岩浆岩、变质岩、花岗岩化或强烈变形的岩体

batholith **岩基**：规模最大的一种深成侵入岩，在顶部最开阔的地方伸展面积最大可超过40平方英里（约102.4平方千米）

belemnite **箭石**：一种中生代头足类动物，具有弹头形状的内壳

bicarbonate **碳酸氢根**：当碳酸接触岩石表面时形成的一种离子，海洋生物可以将碳酸氢根与钙离子结合形成碳酸钙质的硬质骨骼

biotite **黑云母**：一种黑色或深色的云母，见于结晶岩中

bivalve **双壳类**：一种具双壳的软体动物，包括牡蛎、蛤等

blastoid **海蕾**：已灭绝的古生代棘皮类动物，与海百合类似，身体形似花蕾

brachiopod **腕足动物**：生活于海洋浅水环境的一种无脊椎动物，具有与软体动物类似的双壳，在古生代盛极一时

breccia **角砾岩**：一种粗粒的碎屑岩，棱角分明，常与黏土一同产出

bryophyte **苔藓植物**：一种无花植物，包括藓类、苔类和金鱼藻

bryozoans **苔藓虫**：生活于海水中的无脊椎动物，群居，以树枝状和扇状的结构为主要特点

calcite **方解石**：一种碳酸钙矿物

Cambrian explosion 寒武纪大爆发：发生于寒武纪初期的生命大爆发，受栖息地大量增加和适宜气候条件的影响，在短时期内出现了大量的物种

carbonaceous 碳质：含有碳的岩石，比如沉积岩中的石灰岩和某些石陨石

carbonate 碳酸盐：一种以碳酸钙为主的矿物，如石灰石、白云石

Cenozoic 新生代：从6,500万年前至今的时间

cephalopod 头足类动物：海生软体动物，包括乌贼（squid）、墨斗鱼（cuttlefish）和章鱼等，它们通过喷水产生的反作用力向前运动

chalcedony 玉髓：主要矿物成分为石英，致密纤维状结构，蜡状光泽，常出现在沉积岩中或充填于岩石的孔洞之中

chalk 白垩：主要由微生物的钙质壳组成的质软的石灰岩

chert 燧石：与火石类似，质地非常坚硬，是一种隐晶质石英岩

chondrule 球粒：石质球粒陨石中球形的橄榄石或辉石颗粒

cladistics 分支系统：一种利用进化关系来对生物进行分类的系统

class 纲：在生物分类系统中门（phylum）之下的单位

clastic 碎屑岩：由其他岩石破碎后的颗粒堆积在一起形成的岩石

cleavage 解理：受晶体结构影响，矿物中沿着一定的薄弱面裂开的特性

coal 煤：由古代树木变质后形成一种化石燃料

coelacanth 空棘鱼：一种具有肥厚叶状鳍的鱼类，诞生于古生代，一直延续到现在，可见于深海中

coelenterate 腔肠动物：多细胞海洋生物，包括水母和珊瑚等

conglomerate 砾岩：由细粒沉积物和粗粒沉积物混杂堆积形成的沉积岩

conodont 牙形刺：形似牙齿的古生代化石，推测其来自于一种已经灭绝的海洋脊椎动物

coral 珊瑚：形成于温暖、浅水的海洋环境，固着于海底生长，由群居的造礁生物群落形成

coprolite 粪化石：古代动物的粪便形成的化石，通常为黑色或棕色，通过辨识其颜色可以推断动物的进食习惯

coquina 贝壳灰岩：主要由破碎的海洋生物化石组成的石灰岩

craton 克拉通：大陆内部更加古老、稳定的块体，通常由前寒武纪岩石组成

crinoids 海百合：一种棘皮动物，很像是开放在海底的花朵，茎由一组方解石圆盘堆叠而成

crossopterygian 总鳍鱼类：已灭绝的古生代鱼类，被认为是陆地脊椎动物的

祖先

crustacean 甲壳类动物：节肢动物的一种，在口的前部有两对触须，后部有三对。常见的甲壳类动物有虾、蟹和龙虾等

crystal 晶体：由原子重复性规则排列而成，不同的排列方式可形成不同的晶体结构，表现为晶面数量和形状的差异

diatom 硅藻：个体微小的海洋植物，其骨骼化石大量堆积可形成硅藻土

dike 岩墙：板状侵入岩体，可切穿围岩

dinoflagellate 沟鞭藻：单细胞浮游生物，是海洋中众多生物的食物来源

diopside 透辉石：一种在接触变质岩中发现的辉石矿物

dolomite 白云石：石灰石的钙被镁交代后形成的矿物

echinoderm 棘皮动物：海洋无脊椎动物，包括海星、海胆和海参等

echinoid 海胆类：棘皮动物中的一种，包括海胆和沙钱

Ediacaran 艾迪卡拉（动物群）：一组已经灭绝的前寒武纪晚期生物群

eon 宙：地质年代单位中最大的一个，通常大于十亿年

epidote 绿帘石：一种黄绿色钙铝硅酸盐矿物，可切割成宝石

epoch 世：地质年代单位，介于纪（period）和期（age）之间

era 代：地质年代单位，介于宙（eon）和纪（period）之间

erathem 界：地层单位，与年代单位中的代（era）相对应

erosion 侵蚀：自然营力（如风、流水）将地表物质风化剥蚀的过程

esker 蛇丘：由冰川沉积物堆积形成的狭长形的山丘

eukaryote 真核生物：高级生命形态，具有可以进行遗传物质分裂的细胞核

evaporite 蒸发岩：在封闭的海水盆地中由蒸发作用形成的盐、硬石膏和石膏等矿物

evolution 进化：随着时间的推移，大自然和生物所发生的变化

exoskeleton 外骨骼：无脊椎动物身体外部起保护作用的硬质外壳，如角质层和贝壳

extinction 灭绝：短时间内大量生物灭亡，有时可作为划分地质年代的标志

extrusive 喷出岩：通过火山喷发到达地表的岩浆岩

family 科：在生物分类中，介于目（order）和属（genus）之间

feldspar 长石：一组成岩矿物，组成了近60%的地壳物质，是大部分岩浆岩、变质岩和沉积岩中基本组成矿物之一

fissile 分裂性：岩石分裂成薄板状的特性

fluvial 冲积物：河流沉积物

foliation 片理：变质岩中颗粒在压力作用下形成的面状构造

foraminifer 有孔虫：一种可分泌碳酸钙的海洋浮游生物，它们死后的遗体是形成石灰岩和海底沉积物的主要物质

formation 岩层：是指具有一定厚度的某些岩性相近的岩石组合，在其延伸方向上可以追索一定距离

fossil 化石：地质历史中动植物遗留下来的遗体、遗迹或印痕

fulgurite 闪电熔岩：闪电击中岩石后将其融化形成的管状岩石，常见于山顶

fumarole 喷气孔：地下的蒸汽或热气通向地面的通道，可形成间歇泉等地质奇景

fusulinid 纺锤蜓：一种已灭绝的有孔虫动物，形似纺锤或麦粒

gastrolith 胃石：动物胃部中的石头，可以帮助消化

gastropod 腹足类：软体动物门中重要的组成部分，包括蛞蝓和蜗牛等，具包卷状单壳

genus 属：在生物分类中，介于科（family）和种（species）之间

geode 晶洞：石灰岩或熔岩中近球形的空间

geologic column 地层柱状图：为了表现某个地区连续的地质沉积所绘制的图件

glauconite 海绿石：绿色的含水硅酸钾矿物，常形成绿砂

glossopteris 舌羊齿：晚古生代植物，只生长于南方大陆，是冈瓦纳大陆存在的证据之一

gneiss 片麻岩：具有叶片状或带状结构的变质岩，岩石成分同花岗岩相近

Gondwana 冈瓦纳：古生代时存在于南方的超级古大陆，在中生代分裂形成现今的非洲、南美洲、澳洲和南极洲

granite 花岗岩：主要由石英和长石组成的岩浆岩，颗粒粗大，富二氧化硅

graptolite 笔石：已灭绝的古生代浮游生物，形似植物的茎

graywacke 杂砂岩：一种暗色的粗颗粒砂岩

greenstone 绿岩：一种母岩为岩浆岩的弱变质岩

gypsum 石膏：一种非常普遍的蒸发岩类，常与岩盐共生

Hadean 冥古代：地球历史最初的5亿年

hallucigenia 怪诞虫：寒武纪早期的奇异物种，有着高跷一样的腿，沿着背部长有数个口

helictite 石钟乳：在岩洞中由于水中的碳酸钙沉淀而形成的方解石柱状体

hematite 赤铁矿：一种红色的铁氧化物

hexacoral 六射珊瑚：一种具有六个壁的珊瑚

hornblende 普通角闪石：变质岩中的一种重要矿物，一般为黑色或黑绿色

hornfels 角岩：由板岩变质而成的细粒硅质岩

hydrocarbon 碳氢化合物：又称为"烃"，是碳原子和氢原子以不同方式结合而成的化合物

hydrothermal 热液作用：地下热流体到达地表过程中对周围岩石产生的作用

Iapetus Sea 古大西洋：指联合古陆（Pangaea）形成之前在现今大西洋位置的广阔海域

ichthyosaur 鱼龙：已灭绝的中生代水生脊椎动物，具有流线型的身体和长长的鼻子

ichthyostega 鱼石螈：古生代一种跟鱼类很接近的脊椎动物，现已灭绝

ignimbrite 熔结凝灰岩：一种由火山碎屑经压实作用形成的质地坚硬的岩石

ilmenite 钛铁矿：主要由钛铁氧化物形成的矿物，呈黑色

index fossil 标志性化石：指那些具有明确地质年代指向性的化石

interglacial 间冰期：两个冰期之间气候相对比较温暖的时期

intrusive 侵入体：侵入地壳中的花岗质岩体

invertebrate 无脊椎动物：缺少脊椎、具有硬质外壳的生物，比如贝虾类、昆虫

iridium 铱：铂族元素，在陨石中较富集

island arc 岛弧：在板块碰撞边界俯冲带以上面向陆地形成的一系列火山岛屿

kaolinite 高岭石：长石风化形成的一种含水铝硅酸盐黏土

karst 喀斯特：石灰岩地区形成的一种特征性地貌，可见很多溶洞或落水洞

kimberlite 金伯利岩：火山岩管中富集金刚石的一种特殊岩石

lacustrine 湖生的：指生活环境或形成环境与湖泊有关的生物或沉积物

lapilli 火山砾：与砾石类似的火山碎屑沉积物

Laurasia 劳亚古陆：古代北美大陆

lava 熔岩：在地表流动的岩浆

limestone 石灰岩：一种沉积岩，主要由海洋无脊椎动物生物分泌的碳酸钙组成

lithospheric 岩石圈：地球表层由固体岩石组成的圈层，位于软流圈之上

loess 黄土：一种厚层的风成沉积物

lungfish 肺鱼：一种可以在陆地上呼吸的鱼类

lycopod 石松：古生代最古老的树种，现代种主要为苔类植物

mafic 镁铁质：深色的镁铁硅酸盐矿物

magma 岩浆：地球内部形成的熔融质岩石，可形成喷出岩和侵入岩

magnetic field reversal 磁场反转：地磁场南北极发生颠倒

magnetite 磁铁矿：一种铁氧化物，呈黑色

mantle 地幔：位于地壳之下、地核之上的部分，密度较大，可能存在某种对流机制

marsupial 有袋动物：一种古老的哺乳动物，它们将幼子放入肚袋中，能更有效地对后代加以保护

Mesozoic 中生代：古生代之后、新生代之前的一段时间（2.5亿年～6,500万年前）

metamorphism 变质作用：岩浆岩、变质岩和沉积岩在地下一定深度、高温高压的环境下发生的重结晶等作用，固体形态保持不变

metazoan 后生动物：继原生动物之后出现的多细胞动物

meteoritics 陨石学：研究陨石的学科

mica 云母：一种层状硅酸盐矿物，具有一组极完全解理

micrite 泥晶：石灰岩中的一种微细晶体结构

microcline 微斜长石：正长石的一种，常见于伟晶岩和变质岩中

microcrystalline 微晶：一种晶体结构类型，肉眼无法分辨出颗粒结构

microfossil 微化石：个体微小的化石，必须借助于显微镜才能进行观察研究，通常用来给岩心定年

midocean ridge 洋中脊：大洋底部两个板块的分离边界，岩浆从这里涌出推挤两侧的板块向相反的方向运动，新的洋壳也随之产生

mold 铸模：古代生物的壳或其他部位被岩层包裹后脱落形成的印痕

mollusk 软体动物：无脊椎动物中的一种，包括蜗牛、蛤、乌贼和已灭绝的菊石等，具内骨骼（乌贼）或外骨骼（蜗牛、菊石）

monotreme 单孔类动物：卵生的哺乳动物，包括鸭嘴兽和针鼹

moraine 冰碛物：冰川融化后沉积下来的碎屑物

nautiloid 鹦鹉螺类动物：繁盛于古生代的头足类动物，其中只有鹦鹉螺存活至今

Neogene 晚第三纪：新生代中的中新世和上新世

nepheline 霞石：一种钠、钾和铝的硅酸盐矿物，常见于岩浆岩中

nuee ardent 火山灰云：火山喷发形成的大量尘埃，主要是火山灰和火山碎屑

olivine 橄榄石：一种绿色的铁锰硅酸盐矿物，常见于岩浆岩中

oolite 鲕粒：见于石灰岩中，形似鱼子，故称鲕粒

ophiolite 蛇绿岩：在板块碰撞带形成的一套洋壳和陆壳岩石组合

orogeny 造山运动：构造运动中山体形成的主要时期

orthoclase 正长石：钾长石，呈白色、灰色或粉红色

pahoehoe 绳状熔岩：一种火山岩，因外表形似绳索而得名

Paleogene 早第三纪：新生代中的古新世、始新世和渐新世

paleomagnetism 古地磁学：研究地质历史时期地球的磁极位置及磁场方向的
　　一门学科

paleontology 古生物学：研究古代生命形态的学科，研究对象主要是古植物
　　和古动物的化石

Paleozoic 古生代：显生宙初期，包括5.7亿～2.5亿年前的这一段时间

Pangaea 联合古陆：又称盘古大陆，古生代时期的全球唯一的超级古大陆

Panthalassa 联合古洋：又称盘古大洋，指联合古陆以外的海洋

pegmatite 伟晶岩：一种结晶颗粒粗大的岩浆岩，是一种富矿岩石

period 纪：地质年代单位，其上为代、其下为世

permafrost 永冻区：南极区常年冰冻的地区

phyla 门：生物分类单位，其上为界、其下为纲

placoderm 盾皮鱼：一种已灭绝的鱼类，脊索动物，具有厚重的盔甲和宽大
　　的颚

plagioclase 斜长石：包括钙长石和钠长石

plate tectonics 板块构造：岩石圈板块之间的相互作用

precipitation 沉淀作用：海水中矿物的沉淀过程

prokaryote 原核生物：缺少细胞核的原始古生物

protistid 原生动物：单细胞动物，包括细菌、原生虫、藻类和真菌

pseudofossil 假化石：形似化石的岩体，比如结核体

pterosaur 翼龙：已灭绝的一种中生代恐龙，具有与蝙蝠类似的翅膀，能够飞翔

pyroclastic 火山碎屑：火山喷发产生的岩石碎片

pyroxene 辉石：常见的岩浆岩造岩矿物，晶体为短小的棱柱体

quartzite 石英岩：一种质地极其坚硬的变质砂岩，也可指颗粒间充填硅质胶

结物的砂岩

radiolarian 放射虫：一种具有硅质硬壳的微生物

radiometric dating 放射性定年：利用稳定与不稳定放射性同位素比值来测定岩石样品年龄的方法

redbed 红层：一种沉积岩，因胶结物含铁氧化物而呈现红色

reef 生物礁：浅海区域生长的生物群落，死后的钙质骨骼堆积后经成岩作用可形成石灰岩

regression 海退：海平面下降，陆地暴露接受剥蚀

reptile 爬行动物：陆生冷血动物，卵生，大部分爬行动物长有盔甲以防御外敌

rhyolite 流纹岩：富钾长石的火山岩，与花岗岩数量相当

Rodinia 罗迪尼亚大陆：前寒武纪存在的超级古大陆，裂解后不久开始了生命大爆发

sandstone 砂岩：一种沉积岩，由砂质颗粒胶结在一起而形成

schist 片岩：一种变质岩，可沿层面破裂成薄板状

seafloor spreading 海底扩张：洋中脊两侧的洋壳以裂谷为界做分离运动，从地幔中涌出的岩浆冷却后形成新的洋壳，这就是海底扩张学说的基本原理

shale 页岩：一种细粒沉积岩，由泥岩或黏土经压实作用形成

shield 地盾：缺少沉积物覆盖的大陆前寒武纪基底

sial 硅铝层：指大陆地壳，富含硅和铝

sill 侵入火成岩席：薄板状火成岩席，侵入岩体与围岩平行接触

sima 硅镁层：指大洋地壳，富含硅和镁

species 种：生物分类中最小的单位

sphalerite 闪锌矿：铁和锌的硫化物，通常呈红色或棕色

spodumene 锂辉石：锂和铝的硅化物，辉石族矿物

stock 岩株：一种深成侵入岩体，规模较小，与围岩呈不整合接触

strata 地层：或称岩层，层状的岩石组合

stromatolite 叠层石：一种特殊的层纹状钙质生物沉积结构，主要由藻类、细菌与矿物交互沉积形成，最早的叠层石可追溯到35亿年前

subduction zone 俯冲带：洋壳与陆壳发生碰撞，密度大而薄的洋壳俯冲至陆壳以下直至地幔，可形成深度极大的海沟

superconductivity 超导性：物体在极低温度下电阻率降低的特性

tectonic activity 大地构造活动：地质历史时期地壳的形成及板块间相互作用的关系

tektites 熔融石：陨石撞击地面以后，熔融的岩石表面形成的细小玻璃质矿物

tephra 火山灰：伴随火山爆发喷射到空中的固体颗粒物

Tethys sea 特提斯海：数亿年前在赤道地区存在的一片海域，分隔了北部的劳亚古陆和南方的冈瓦纳古陆

tetrapod 四足动物：具四足的脊椎动物

thecodont 槽齿类：古老的爬行类，是恐龙、鳄鱼和鸟类的祖先

therapsid 兽孔目：古老的爬行类，是哺乳类动物的祖先

transgression 海进：海平面上升，海水淹没近岸陆地的现象

trilobite 三叶虫：已灭绝的海生节肢动物，身体分为三节，背部覆以几丁质的硬壳

tuff 凝灰岩：细粒火山碎屑物凝结形成的岩石类型

tundra 冻土带：高纬度地区的永久性冻土区

type section 典型剖面：某个地区具有代表性的地层组合，一般以某个时代的地层发育完整、化石丰富为特征，可以作为其他地区该时代地层的对比依据

ultraviolet 紫外线：一种不可见光，波长比可见光短、比X光长

uniformitarianism 均变论：认为地质历史时期所有塑造地球表面形态的运动和过程都是缓慢进行的，并且从未发生大的改变

uraninite 晶质铀矿：一种外观类似树脂的铀氧化物矿

varves 纹泥：又称季候泥，由冰川季节性消融带来的沉积物在湖水中沉淀而成

vertebrates 脊椎动物：具脊椎及内骨骼的动物，如鱼类、两栖类、爬行类及哺乳类动物

zeolite 沸石：一种含水硅酸盐矿物，成分与长石类似，常见于熔岩孔洞中

zircon 锆石：化学组成为硅酸锆，常用来给岩石定年，品质好的锆石可加工成宝石

译后记

　　记得小时候，有一次父亲从外地出差回来，带给我一套厚厚的书，书名叫《十万个为什么》。这套科普读物常常伴我左右，我很好奇书中一个又一个的为什么，同时又被那浅显易懂的文字和生动有趣的图片所深深吸引。这套书帮助我养成了勤于思考、爱问为什么的习惯。虽然不是每个人都希望成为科学家，但人类好奇的本性是普遍存在的，科普读物可以帮助青少年读者认识科学问题，更重要的是培养一种科学精神，以实事求是的态度去对待一切事物。

　　时隔近20年，我有幸翻译科普书籍《寻找地球的宝藏——化石与矿物》，我非常高兴参与这项工作。此书主要介绍的是矿物和化石，是地质学研究中最基础的内容。记得大学时，有朋友问我地质学是研究什么的，我说就是石头，他们一下子兴趣索然。可是，如果你知道，从一块石头中可以找到沧海如何变桑田、恐龙为什么会灭绝以及人类从哪里来这些谜题的答案，也许你会重新提起你的兴趣。如果你想知道这些问题的答案，那么你应该读一下这本书。

　　本书作者是一名地质学家，能够写出这样一套包罗万象的以地球为阐述对象的科普书籍实属不易。科学是在不断的争论声中前进的，虽然书中介绍的很多知识是已经被地质学界所普遍认同的，但难免会有一些观点存在偏颇。对于这些情况，译者在翻译过程中尽量忠实于原著，如果读者存在不同看法，欢迎与译者或者原著作者交流。由于本人所学专业为地质学，文学功底欠佳，在翻译中难免会有一些言辞不够贴切的地方，希望读者朋友指正。

　　感谢首都师范大学出版社的杨林玉女士，她在过去的一年里也给予了译者很多关心和帮助。感谢在翻译过程中为我答疑解惑的老师和同学。感谢家人的支持和鼓励。最后，感谢读者能够选择这本书，希望她不仅能够带给你知识，如果你能通过阅读本书感受到地质学的魅力，译者更深感荣幸！

苏永斌

2009年7月于北京